強度検討のミスをなくす

# CAEのための材料力学

遠田 治正 著

日刊工業新聞社

# まえがき

　コンピュータの著しい発達とともにCAEツールと3次元CADツールも発達を遂げ，身近な設計ツールとなってきた。これらを利用すれば，複雑な形状の部品でもCADでモデルを作成し，それをCAEツールに入力して解析に必要な条件設定をすれば，少なくとも部品レベルの強度検討はいとも簡単にできるようになった。これらのツールを適切に活用すれば設計検証は確度高く行え，疲労破壊などのトラブルの防止も期待できる他，構造的な無駄を削ることによって安価に製造できるようになることが期待できる。

　しかし，CAEを導入した企業の約半数では，解放されるはずの強度的トラブルに相変わらず悩まされ続け，また材料の無駄が省けるという期待に反して，部品はどんどん大きくなってコスト増を招き，経営者の期待は裏切られているのが実情である。なぜこのようなことが起きるのであろうか。実はその原因は，安易なCAEの適用にある。その因果関係を説明するために，まずCAEの使えなかった昔，強度の検討がどのように行われていたかを見てみよう。

①まず部品に作用する荷重を想定する。どこからどのような荷重を受けるのかをリストアップする。

②次にそれらの荷重を受ける断面積を決め，最も基本的な計算式である

　　応力＝力／断面積

　　応力＝モーメント／断面係数

で応力を求める。

③この応力に対して

　　応力＜強度の限界値（引張強さや疲労強度など）

が成り立っていることを確認する。もし成り立っていれば，第一関門は通過である。

④成り立っていなければ，この時点で成り立たせるように徹底的に改善を図る。ここまでの過程で応力集中は考慮する必要がない。

*i*

## まえがき

　このような検討の過程を「時代遅れ」とか「CAE がなかったからそんな風に進めるしかなかったのだ」などと考えてはならない。なぜならば，②の応力が強度の限界値を超えてしまっていたら，その設計は絶対に成り立たないのであるから，そのことがわかった時点で④の改善は不可欠なのである。要するに②の応力が強度に及ぼす最大の影響因子なのである。この影響因子が成り立つかどうかの検討は設計開始後のかなり早いうちに行えること，そしてその早いうちの検討が設計の最後の方で発生するどんでん返しを防ぐ役割を果たすこと，またこれは応力集中を発生させる細かい形状が決まる前に済ませられることに注目しよう。

　勘の鋭い読者は，現代の"CAE を安易に使う検討方式"では，実はこの最大の影響因子の検討過程がスッポリと抜け落ちていることに気づくと思う。CAE では複雑な形状，複雑な荷重に対しても応力が計算できる。このため，3次元 CAD で部品の形状をできるだけ詳細に作り，それを CAE で計算するというプロセスになっているのが普通だからである。実際，CAE ツールを売りその利用法を指導してユーザーに大きな影響力を持つベンダーの中で，上記①～④を実施の必要性を説くところは，筆者の知る限り皆無である。

　読者の中には，「詳細モデルで検討すれば上記のような過程を含めての検討が行えるのではないか。その方が早く結論に到達できるのではないか」と考える人もいることだろう。しかしこの一見効率の良さそうなプロセスは，NG になった場合に結局は影響因子の分析に追い込まれる他，実は CAE の解析結果に潜む"危険な罠"にはまって判断を誤る可能性をはらんでいるのである。その"危険な罠"には次のようなものがあって，多くのエンジニアがそれと知らずにはまり込んでいることが多い（各項目の詳細については本文を参照されたい）。

（ⅰ）応力集中部に発生する高い応力に注目する　（部品が大きくなる原因となって無駄を招く原因）

（ⅱ）特異点応力に注目する　（値自体に意味はなく，処置を誤ると無駄の発生や強度不足を招く原因）

（ⅲ）節点平均応力を見る　（強度の最大の影響因子となっている応力よりも低い値を示すために強度不足を招く原因）

　要はCAEを適用したからといって，上記のような現象の処置の仕方を知らなければ，必ずしも強度の適切な確保には必ずしも結びつかないのである。むしろCAEがなかった頃の手計算的な進め方の方が影響因子を確実に押さえ込むことができているのである。

　設計を進めて行く上で大切なのは，影響因子の大きなものから順に成り立つことを確認していくことであり，強度の検討では最も重要な影響因子が上記②で計算される応力なのである。CAEのなかった時代にはこれを確実に押さえ込む検討過程が行われ，CAEが普及してからはおろそかにされる傾向にあるという現象に注目されたい。

　手計算は決して時代遅れではない。むしろ安易にCAEを使わずに手計算的検討を行った方が，設計の早いうちに信頼性を確保できる場合も多い。しかしそのためには最小限度の材料力学の知識が必要となる。その知識を既販の材料力学の教科書で学ぼうとすると，現代のコンピュータが併用できる時代では不必要な知識まで習得しなければならなくなって，強度設計を行おうとする設計者にとっては道が遠い。そこで本書は，とにかく強度的に壊れないように装置を設計したいという機械装置を設計するエンジニアを対象に，必要事項のみが吸収できるように配置してあるので，短時間で効率良く学べるようになっている。さらに，CAEを利用する際に多くのエンジニアが陥る"危険な罠"を避け，適切な強度検討が行えるようにとCAEの理論についても必要最少限度含めている。

　このために，本書は材料力学全体を体系的に学ぶための教科書ではない。これから材料力学を一から学ぼうとし，今後どのような分野に進むかが決まっていないような大学や工業高校の機械系の学生は，学校の先生が書かれた本で勉強することを勧める。

　これまで本書のような解説書がなかったのは，残念ながら強度の専門家はCAEの詳細を知らず，またCAEの専門家は強度に関する現象に疎いこと，

## まえがき

　さらに両者の共通点として3次元CADの適切な利用方法を知らなかったことにあると考えている。

　著者は決してCAEの効用を否定するものではない。CAE一辺倒の風潮をいさめ，また簡単な手計算で重要なポイントが押えられることを訴えたいのである。著者のルーツはCAEエンジニアであり，また強度エンジニアである。さらに会社生活の後半は3次元CADにも接し，以後はそれらを総合した設計技術をエンジニアが実践しやすい形で社内教育に反映させてきた。それらの集大成が本書である。本書によって強度的トラブルが未然に防止できるようになり，また無駄のない設計が実現されることを願ってやまない。

2015年3月

遠田　治正

# 目　　次

まえがき

## 第1章　強度検討のフロントローディング
## 　　　～設計と影響因子の把握の重要性

**1.1　設計の3段階とそこに込められた意味** ……………………………… 2
　1.1.1　「いきなり細かい検討ができる」は決して良いことではない ………… 3
　1.1.2　原則に従えばどんでん返しも防げる ………………………………… 3
　1.1.3　設計を進めて行く上で大切なのは影響因子の把握 …………………… 4
**1.2　CAD・CAE の功罪** …………………………………………………… 5
　1.2.1　CAD の功罪 …………………………………………………………… 5
　1.2.2　CAE の功罪 …………………………………………………………… 5
**1.3　強度検討のあるべき姿，手計算の有用性** …………………………… 7
**1.4　設計計算の精度** ………………………………………………………… 9

## 第2章　材料力学の基礎

**2.1　材料力学とは？** ………………………………………………………… 12
　2.1.1　材料力学と機械力学との違い ………………………………………… 12
　2.1.2　材料力学で検討する対象 ……………………………………………… 13
　2.1.3　材料力学を記述する状態量 …………………………………………… 14
　2.1.4　力の釣り合い …………………………………………………………… 15
　2.1.5　材料の機械的性質と物理的性質 ……………………………………… 16
**2.2　初級材料力学での仮定～線形** ………………………………………… 18
　2.2.1　線形とは ………………………………………………………………… 18
　2.2.2　線形が成り立つための主要必要条件4つ …………………………… 18

目 次

- 2.2.3 線形と重ね合わせの原理 ……………………………………………… 19
- 2.2.4 線形と設計検証 …………………………………………………………… 19
- 2.2.5 サン・ブナンの原理 ……………………………………………………… 20

## 2.3 材料力学の構成と CAE の位置づけ …………………………………… 21
## 2.4 機械構造用材料の性質と測定試験 ……………………………………… 22
- 2.4.1 引張試験と測定できる性質 …………………………………………… 22
- 2.4.2 金属材料の応力-ひずみ線図 …………………………………………… 23
- 2.4.3 応力-ひずみ線図に潜む材料力学の3つの基本公式 ……………… 24
- 2.4.4 プラスチックの応力-ひずみ線図 ……………………………………… 24
- 2.4.5 曲げ試験・ねじり試験 ………………………………………………… 26

## 2.5 応　力 ……………………………………………………………………… 27
- 2.5.1 応力の定義 ………………………………………………………………… 27
- 2.5.2 せん断応力成分の対称性 ……………………………………………… 28
- 2.5.3 応力の符号と物理的意味 ……………………………………………… 30
- 2.5.4 計算しなくてもわかる応力 …………………………………………… 32
- 2.5.5 単純な応力分布〜垂直応力，せん断応力 ………………………… 34

## 2.6 ひずみ ……………………………………………………………………… 36
- 2.6.1 ひずみの定義 …………………………………………………………… 36
- 2.6.2 ひずみの成分 …………………………………………………………… 37
- 2.6.3 ひずみの符号と意味 …………………………………………………… 37
- 2.6.4 真応力と真ひずみ ……………………………………………………… 37

## 2.7 材料力学の基礎式 ………………………………………………………… 39
- 2.7.1 応力の定義式〜応力の釣合い方程式 ………………………………… 39
- 2.7.2 フックの法則〜応力とひずみの関係 ………………………………… 39
- 2.7.3 ひずみの定義式 ………………………………………………………… 41
- 2.7.4 弾性体の変位を未知数とした方程式 ………………………………… 42
- 2.7.5 三軸応力，二軸応力，一軸応力＝板・シェル・棒・軸・梁・柱 …… 42

## 2.8 基本的な問題の変位 ……………………………………………………… 52
- 2.8.1 棒の引張り・圧縮 ……………………………………………………… 52

目 次

 2.8.2　梁（＝片持ち梁）の曲げ ･････････････････････････････････ 53
 2.8.3　断面円形（または中空円形）の軸のねじり ････････････････ 55
**2.9　熱応力・熱変形** ･･･････････････････････････････････････････････ 57
 2.9.1　熱膨張と発生ひずみ ･･････････････････････････････････････ 57
**2.10　重力・遠心力を受ける棒** ･････････････････････････････････････ 60
 2.10.1　重力を受ける棒 ･･････････････････････････････････････････ 60
 2.10.2　遠心力を受ける棒 ････････････････････････････････････････ 61

## 第 3 章　応力集中部の応力の把握

**3.1　主応力と相当応力** ･････････････････････････････････････････････ 64
 3.1.1　主応力 ･･････････････････････････････････････････････････ 64
 3.1.2　相当応力 ････････････････････････････････････････････････ 66
 3.1.3　2種類の相当応力の共通点 ･････････････････････････････ 67
 3.1.4　主応力と相当応力の使い分け ･･････････････････････････ 68
**3.2　力の流線** ･･･････････････････････････････････････････････････････ 69
 3.2.1　流線とは？ ･････････････････････････････････････････････ 69
 3.2.2　流線の考え方の理論的背景 ････････････････････････････ 71
 3.2.3　2次元応力状態と水の流れの類似 ･･････････････････････ 72
 3.2.4　力の流線の応用 ････････････････････････････････････････ 73
**3.3　応力集中** ･･･････････････････････････････････････････････････････ 76
 3.3.1　応力集中の発生原因別分類 ････････････････････････････ 76
 3.3.2　特異点（＝応力の値が∞の箇所） ･･････････････････････ 84
 3.3.3　切欠きの向きや大きさによる応力集中の変化 ･････････ 84
**3.4　応力集中係数の見積もり方** ･････････････････････････････････････ 86
 3.4.1　応力集中係数の定義と基準応力 ････････････････････････ 86
 3.4.2　基準断面の選び方 ･･････････････････････････････････････ 91
 3.4.3　応力集中係数 $\alpha$ の見積もり ････････････････････････････ 95
 3.4.4　実形状への $\alpha$ の推定式の適用例 ･････････････････････ 101

目 次

**3.5 応力集中と強度評価** ················································ 102
  3.5.1 寸法効果について ············································ 102
  3.5.2 応力集中係数 $\alpha$ と切欠き係数 $\beta$ の関係 ················· 105
  3.5.3 高サイクル疲労破壊への影響 ································ 108
  3.5.4 $\beta$ の推定方法（直径 10 mm 程度の部材の場合）··········· 108
  3.5.5 $\beta$ の寸法効果 ············································· 109
  3.5.6 後から $\beta$ を下げるのは難しい ····························· 111
  3.5.7 $\alpha$ と $\beta$ に関するその他の結論 ·························· 112

# 第 4 章　強度評価と安全率

**4.1 材料の破壊形態～破壊の分類** ········································ 116
  4.1.1 一発破壊＝材料自身の持つ性質によって現れる破壊形態
      ～延性破壊と脆性破壊 ···································· 116
  4.1.2 疲労破壊 ······················································ 121
**4.2 強度評価の考え方と安全率** ········································· 130
  4.2.1 強度評価の基礎式と安全率 $S$ の導入 ······················ 130
  4.2.2 安全率の値の設定方法 ······································· 133
**4.3 限界値と変動係数の入手方法・推定方法** ························· 137
  4.3.1 一発破壊の限界値（強度，強さ）の入手方法および推定方法 ······ 137
  4.3.2 一発破壊の限界値（強度，強さ）の変動係数の
      入手方法および推定方法 ···································· 140
  4.3.3 疲労破壊の場合の強度（疲労強度）の入手方法および推定方法 ···· 141
  4.3.4 疲労破壊の場合の変動係数の入手方法および推定方法 ········· 147
**4.4 発生応力の変動係数の入手方法・推定方法** ······················ 149
**4.5 安全率の具体的な値** ················································ 150
**4.6 安全率についての間違い** ··········································· 151

目　次

## 第5章　応力解析のためのCAE理論

- 5.1 FEMの内部処理 ················································ 154
  - 5.1.1 FEMで解いている方程式 ································ 154
  - 5.1.2 FEMの内部処理 ········································ 156
  - 5.1.3 簡単な具体例での剛性方程式 ···························· 158
  - 5.1.4 ユーザーから見たFEMの処理の流れ ····················· 163
  - 5.1.5 Bマトリクスについて ·································· 163
- 5.2 要素と変位関数 ················································ 166
  - 5.2.1 要素の役割 ············································ 166
  - 5.2.2 要素の変位関数の仮定の仕方 ···························· 167
  - 5.2.3 変位関数の資格 ········································ 168
  - 5.2.4 いろいろな要素と変位関数の例 ·························· 169
  - 5.2.5 要素のいろいろ ········································ 174
  - 5.2.6 2次要素の結合と節点拘束に関する制約 ··················· 182
- 5.3 分布荷重の等価節点荷重への変換 ································ 184
  - 5.3.1 等価節点荷重とは？ ···································· 184
  - 5.3.2 分布力の等価節点荷重への変換 ·························· 184
  - 5.3.3 温度分布の等価節点荷重への変換 ························ 185
  - 5.3.4 分布力の換算式の例 ···································· 186
- 5.4 数値積分 ······················································ 192
  - 5.4.1 数値積分と積分点 ······································ 192
  - 5.4.2 ガウス型数値積分公式の2次元・3次元積分への拡張 ········ 198
  - 5.4.3 低減積分 ·············································· 199
- 5.5 連立方程式の解法 ·············································· 201
  - 5.5.1 直接法と反復法 ········································ 201
  - 5.5.2 直接法の詳細 ·········································· 204
  - 5.5.3 処理順節点番号とバンド幅の縮小 ························ 206
  - 5.5.4 反復法（ICCG法） ····································· 210

# 目 次

   5.5.5　固有値解析（ランチョス（Lanczos）法） ……………………211
   5.5.6　非線形問題の解法 ………………………………………………213
**5.6　結果の表示と評価** ……………………………………………………216
   5.6.1　変形の見方と解釈 ………………………………………………216
   5.6.2　応力の見方と解釈 ………………………………………………219
   5.6.3　モーダル解析の見方と解釈 ……………………………………223
   5.6.4　微小変形理論ゆえのおかしな現象 ……………………………226
   5.6.5　分割が粗いために発生する問題 ………………………………228

索　引 ……………………………………………………………………………234

# 第1章

# 強度検討の
# フロントローディング
## ～設計と影響因子の把握の重要性

# 第1章 強度検討のフロントローディング〜設計と影響因子の把握の重要性

## 1.1 設計の3段階とそこに込められた意味

　設計を進めて行くときには図 1.1.1 に示すような 3 段階を踏む。機械設計の場合の各段階での役割を簡単に紹介すると次のようになる。
①構想設計
　新機種に持たせる機能を検討し，基本仕様を設定し，既製品の一部を流用する，新規開発を行うなどの見通しも立てる段階。類似製品との差別化のポイントなども明確にする。
②基本設計
　構想設計で設定された機能と基本仕様が成り立つような物理的仕組みを具体化する段階。
③詳細設計
　基本設計で考案された仕組みに対して，細部を設計して生産ができるようにする段階。製作図の作成など，図面化や製作手配も行う。
　ここで大切なことは，これらの段階を"後戻りが生じないように進めて行く"ことであるが，そのためにはこの 3 段階に込められた次のような意味を意識しておく必要がある。
（ⅰ）設計対象に及ぼす影響因子を把握しつつ進めて行くこと
（ⅱ）影響因子は影響度の大きいものから順に検討し，すべての仕様が成り立つように決めていくこと。

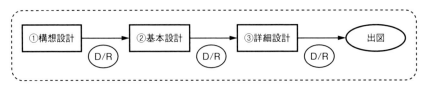

図 1.1.1　設計の 3 段階（D/R は Design Review：設計審査）

1.1 設計の3段階とそこに込められた意味

(ⅲ) 影響度の小さい因子は大きい因子の検討結果次第では存在すらしなくなる可能性があるので，先に検討しない方がよい．

### 1.1.1 「いきなり細かい検討ができる」は決して良いことではない

　最近の設計者は以上の3段階を単なる形式的なものと受け止めて，軽視している傾向がある．特にCAD（本書でCADと書けば，特に断らない限り3次元CADを指す）とCAEが普及して以来，「CADで詳細形状を作り，CAEで計算してOKであればよいのであって，3段階は前時代の遺物！」と公言してはばからない声や「CADとCAEを使えばデザインレビューを減らせる」などという声をも耳にする．

　しかし「CADやCAEがあるから，いきなり細かい検討ができる！」というのは良いことなのであろうか．プラモデルの組立感覚になって詳細な部品形状を先に決め，それらを組み上げていきなり全体構造の解析を実施しても，それが成功するのは，その解析結果で"良"となった場合だけである．もし不良となったら，改良のための対策を施すことになる．その対策を合理的に進めるには，影響因子を分析し，支配的なものから検討するという手順になって，結局のところは①～③をたどることになってしまう．そのため結論としては，少なくともハードウェアの設計においては，設計の初期から①～③の順に進めて行き，影響因子を押え込んでいく方が近道ということになるのである．

### 1.1.2 原則に従えばどんでん返しも防げる

　筆者は電機メーカーに入社直後の13年間は研究所に所属し，その役割の主なところは，いわゆるCAEエンジニアであった．そして"もし出荷後に破壊事故を起こせば社会的影響が甚大"という製品の最終試験に相当するような構造解析を数多くこなしてきた．しかし面白いことに筆者が解析を担当する段階でその設計が根底から覆えるような結果が出たことがなかったのである．それはなぜなのだろうか．

　このような製品を設計する部門の設計者は非常に訓練されているので，構造

# 第1章　強度検討のフロントローディング～設計と影響因子の把握の重要性

への影響因子を確実に把握しながら設計を進めているのである。彼らは前述の①～③の段階を日常的に実践しているので，CAE解析を実施する前に，大きな因子はあらかじめ仕様を満たすように押え込んでいたのである。

その後，筆者はハワイのマウナケア山に設置された天体望遠鏡「すばる」の開発に従事することになったが，その開発のプロセスはまさに設計の3段階の原則を忠実に踏み，影響因子を大きなものから順に成り立つように具体化して行くという進め方であり，それを自ら体験することになったのである。原則に従って着実に設計を進めた結果，「すばる」は運用を開始してから本書の発刊時点で15年が経つが，いまだに設計のミスに起因する大きなトラブルがないという優秀な装置である。

## 1.1.3　設計を進めて行く上で大切なのは影響因子の把握

以上のことから，設計で大切なのは影響因子の把握であり，影響の大きいものから順に成り立つように値を決めるなどの具体化を図っていくことが大切であることがわかる。いきなり厳密なこと，細かいことをやり始めるのではなく，この路線で行けば大丈夫という線を押さえながら進めていくことである。

CAE解析の際に，凸角縁の面取りや$R$（フィレット），小穴などの細かい形状の簡略化を行うが，それはメッシュを節減して計算機の負担を軽減するという目的の他に，これらが大きな影響因子にはならないからである。CADモデル作成時でも，Rや面取りはなるべく後に作成する方がよい。

全体に大きな影響を及ぼさない因子は一旦除去して考えること，「枝葉を払って幹を見る」，これが設計に限らず，物事の見通しを良くするコツである。細かいことに気を取られるよりも，もっと影響の大きいことについての検討を行う方が重要なのである。

## 1.2 CAD・CAE の功罪

### 1.2.1 CAD の功罪

　CAD は導入されてから着実に導入効果を上げて来たツールである。しかし，バーチャルに詳細な部品ができ，装置が組み立つというのは，ある意味で危険なツールでもある。なぜなら，詳細な形状が簡単に作れてしまうので，$R$ や面取りの付いた最終形状に近いところまでを作り上げてしまい，その過程で行わなければならない影響因子の把握を省略していることが多いからである。

　部品というものは，その機能的な存在理由とともに，「使用中にぶつけても壊れない」とか「モーターから受ける振動に耐える」などのような強度的・剛性的な役割があるものである。2 次元 CAD が登場する前の設計者は，このようなことを考えながら設計を進めていったものであるが，3 次元 CAD が登場後の設計者は，どうかするとプラモデルを組み立てる感覚で設計を進めていってしまっている。その結果，部品が先にできてしまい，検証が後回しになるという事態が多発しているが，これは決して良いことではない。

### 1.2.2 CAE の功罪

　CAE は CAD よりも古くから普及したツールであり，実測に置き換わるような検証手段としてその存在価値を遺憾なく発揮してきた。また以前の CAE は専門知識と経験を持った解析専任者でしか扱えなかったが，昨今は操作が簡単になって一般の設計者でも CAE を使っての解析ができるようになってきた。CAE が身近になってきたのは良いことであるが，その実情に明るくない人たちの間では，CAE は CAD で作り込んだ詳細モデルに境界条件を与えればいとも簡単に応力や変形の計算結果が出てくる魔法の道具のように受け止められ

## 第 1 章　強度検討のフロントローディング～設計と影響因子の把握の重要性

ている。実際にそのようなことを実現させるための研究を行っている人もいるが，実用化には程遠いのが現状である。

　何よりも，このやり方でうまく行くのは，結果が OK になった時だけである。もし NG になった場合には，結局はその解決のために NG の部位に及んでいる数々の影響因子を把握しなければならない羽目に陥るのである。

　やはりハードウェアの設計は，構想設計→基本設計→詳細設計の順に段階を踏んで進めて行くものであり，影響因子を確認しながら進めて行くものなのである。

## 1.3 強度検討のあるべき姿，手計算の有用性

　破損した部品に対して改善対策を行おうとした時，苦労して最大応力を何とか下げることには成功したが，いざ強度試験を行ってみると狙ったとおりには強度が向上していなかった，というような経験はないだろうか。また，部品の詳細形状が決まっていないから，周囲の部品が決まっていないから，などという理由で応力計算ができずに困ったことはないだろうか。実はこのようなことは，すべて強度検討の基礎が理解できていないことから起きている現象なのである。

　CAE が普及した結果，応力が精度良く計算できるようになったのはよいのだが，最初に目が行くのは応力集中部の高い応力である。しかしこの高い応力は強度評価上，最も大きな影響因子ではないのである。

　では，強度への最も大きな影響因子とは何だろうか。それは材料力学の最初で習う次のような式から計算される応力なのである。

$$\text{応力} = \frac{\text{力}}{\text{断面積}} \qquad (1.3.1)$$

$$\text{応力} = \frac{\text{モーメント}}{\text{断面係数}} \qquad (1.3.2)$$

この極めて基本的な応力を本書では基準応力と呼ぶことにする。この基準応力を決めるのは断面積や断面係数であり，断面形状が決まれば計算できてしまうものであることに注目しよう。そしてこの基準応力の値が引張強さや疲労強度などの強度の限界値を超えてしまったら，その設計は絶対に成り立たないことにも注目しよう。要は強度検討で一番最初にチェックすべきことは，

$$\text{基準応力} \leq \frac{\text{強度の限界値}}{\text{安全率}} \qquad (1.3.3)$$

# 第 1 章　強度検討のフロントローディング～設計と影響因子の把握の重要性

なのであるが，このことを意識していないエンジニアが何と多いことだろうか。またこの基準応力は，手計算だと簡単に求められるのであるが，CAEを使うと計算できないのが普通であり，基準応力が重要であるにもかかわらず意識されないことの大きな要因となっている。CAEにばかり頼らず，手計算の有用性も認識すべきである。

　基準応力は応力集中係数 $\alpha$ を定義する際の基準ともなるものである。応力集中係数 $\alpha$ は基準応力に次ぐ影響因子であるが，本書で勉強すれば $\alpha$ が強度低下に及ぼす影響度は，$\alpha$ がいくら高くなっても高強度材を除いて高々3どまりであることがわかる。このため，断面形状が決まった時点で次式が成り立てば，通常の場合にはそれ以上詳細な検討を行う必要はないのである。

$$基準応力 \leq \frac{強度の限界値}{3 \times 安全率} \qquad (1.3.4)$$

　このような検討が応力集中部の詳細形状が決まる前に行えるのが，強度設計のフロントローディングである。

## 1.4 設計計算の精度

　設計計算は常に高精度が必要なのかを考えてみよう。まず設計というものは大きく分けて図 1.4.1 に示すように 2 種類の進め方がある。

　タイプ I は，新規性の高い場合の設計で，製品全体を成り立たせるための設計である。ここで優先されるのは，設計精度よりも仕様を成り立たせる解をみつけることであり，設計の 3 段階を忠実に踏んで進むことになる。この場合の計算誤差は 10 ％ ぐらいあってもよく，もし精度を高めたければ，後から何とかなるものである。

　タイプ II は，その製品の性能を大きく左右するキーパーツの設計である。こ

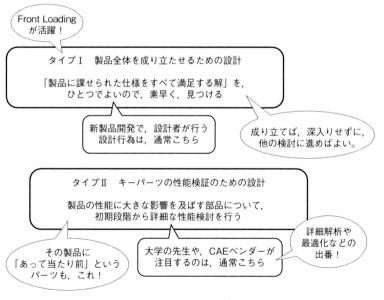

図 1.4.1　設計の 2 種類の姿

### 第1章　強度検討のフロントローディング～設計と影響因子の把握の重要性

の種類の設計では，形状の細部までが決まっていることが多く，過去の機種を土台により高性能の機種を生み出すのが役目である．この場合の計算誤差は1％以下が求められ，解析の専任者でなければ実現できないレベルのものである．

　さて，一般の設計ではタイプ I に近いことが行われていることが多く，計算誤差も昔から10％程度含まれているのが普通である．CAEが登場して以来，「この誤差はそれ以前の時代に手計算を行っていたから発生したのであって，CAEを利用すればこの誤差はなくなる」と期待している人がいる．CAEの計算精度はメッシュの細かさや形状に依存するが，メッシュを規則正しく細分化しながら計算を重ねていくと計算結果は正解に収束することが保証されているので，確かにCAEで精度の高い値を求めることは可能である．

　しかし，実際の設計計算では経験に基づいた一通りのメッシュを切って1回限りの計算で済ませるのが普通であり，その場合の誤差は，かなり経験を積んだCAEの解析エンジニアであっても5％程度あるのが普通である．したがって，CAEを利用しても一般の設計者が解析を行う限り，誤差は相変わらず10％程度は含まれていると心得ておく方がよい．

# 第2章

# 材料力学の基礎

# 第2章 材料力学の基礎

## 2.1 材料力学とは？

### 2.1.1 材料力学と機械力学との違い

　材料力学は，工業材料の弾性・塑性・強さなどの機械的・物理的性質を調べるとともに，構造物（装置や機械など）に作用する外力が構造物を構成する各部材に及ぼす影響を調べ，構造部材の破壊を防止するために，部材内部に発生する抵抗力や変形状態を数値的に表現し，機械の設計を合理的かつ経済的に行おうとするための学問分野である。

　機械工学の分野には，材料力学の他に機械力学という一見似たような分野がある。これらは専門分野以外の人から見るとあまり区別がよくわからないものであるが，表2.1.1に示すように基本的な区別がある。要するに，材料力学は構造物内部に発生する状態である変形や応力というものに注目し，構造物の形

表2.1.1　材料力学と機械力学の違い

|  | 目的 | 材料は変形するか？ | 部品のどんな挙動が対象か？ | 部品の材料 | 力の釣り合いの状態 | 解析 |
|---|---|---|---|---|---|---|
| 材料力学 | 全体あるいは部品の変形を抑える。部品の材料の破壊を防止する。 | する（＝弾性体または塑性体） | 部品内部に発生する応力や変形 | ひとつの部品は単一の材料で均質 | 釣り合っている状態しか対象としない | 応力解析 変形解析 （振動解析） |
| 機械力学 | 希望する運動を装置に発生させる。または希望しない運動を防止する。 | しない（＝剛体） | 部品全体が起こす変位や回転などの運動 | 剛体 | 主に不釣合いの状態を対象とする | 機構解析 |

12

のゆがみを抑さえ，破壊現象を防止しようとする分野であるのに対して，機械力学は構造物が起こす運動について検討する分野である。

ただし両者が絡み合う複雑な現象も多く，その境界は厳密なものではない。また振動の世界は，学術的には機械力学として捉えられるが，現象解析の立場からは材料力学の延長に近く，"構造解析"あるいは"構造CAE"などと称して，一括りにして扱われることが多い。

今後のために，構造物が外から受ける外力や重力やモーメント，運転中・使用中に発生する発熱，伝動装置などから受けるトルクや，回転する場合に受ける遠心力などをまとめて荷重と呼ぶことにする。

### 2.1.2 材料力学で検討する対象

材料力学は，内部の状態について検討するものであるが，その検討対象には2種類ある。

### (1) 検討対象その1—強度

1つは構造物の破壊防止である。構造物が稼働中に過大な荷重を受けると破壊が発生する。この破壊を防止するには材料や構造物の強度を高める必要があり，そのために行うのが強度検討または強度設計である。強度は材料自身が持つ強度と，構造としての強度に分類される。材料自身が持つ強度には，材料が壊れる時の破壊現象に対応して，引張強さ，耐力，疲労強度などの指標があり，これらは応力という量で測られる。一般に強度の値が高いとそれに対応した破壊現象は起こりにくく，低いと壊れやすい。一方の構造としての強度は，材料の強度と部材の破壊発生個所の断面積の積などで決まるので，構造物の強度の向上策の基本は，壊れやすい個所の材料の強度を高めるか，その個所の断面積を増やことである。

材料の壊れにくさを表す指標として，もう1つ靭性という量がある。靭性を測る量としては，衝撃吸収エネルギーや応力拡大係数などがある。

靭性を考慮しなければならない材料・構造としては次のようなものがある。

第2章 材料力学の基礎

①高強度鋼（$\sigma_B \geqq 600$ MPa）を使用する機器。
②破壊確率を $p = 1 \times 10^{-6}$ に設定する大型回転機，原子力機器などの機器。
③溶接不溶着部や接着不良部を含む長さ 10 mm 以上のクラック性の欠陥。
④クラックが入る表面から進展方向反対側までの長さ（リガメント寸法）が 100 mm を超えるような機器

しかし本書はこれらに該当しない破壊現象を取り扱うので靭性の視点からの検討は取り上げない。もしこれらに該当する場合には破壊力学の勉強が必要である。

### (2) 検討対象その2―剛性

もう1つの検討対象は構造物の変形防止である。構造物が荷重を受けると，構造物には変形が発生する。この変形が過大にならないように防止するには材料や構造物の剛性を高める必要があり，そのための検討を行うのが剛性検討または剛性設計である。振動のしやすさ，固有振動数の検討なども剛性検討に含まれる。剛性もまた材料自身が持つ剛性と，構造としての剛性に分類される。材料の剛性を表す重要な指標は縦弾性係数であり，構造の剛性は材料の剛性と部材の断面2次モーメントや長さなどの積で決まる。剛性が高いと変形しにくく，固有振動数は高くなる。また剛性が低いと，変形しやすく，固有振動数は低くなる。

## 2.1.3 材料力学を記述する状態量

材料力学で発生する現象を記述するための**状態量**としては，力と変位，モーメントと回転などのようにそれらの量を比較的容易に直接測定できるものから，応力とひずみなどのように簡単には直接の測定ができないものまでいろいろとある。これらの量は，エネルギーを単位として持つものを除いては，弾性域でお互いに比例する関係にある。

## 2.1 材料力学とは？

### 2.1.4 力の釣り合い

材料力学の状態量の中で，力とモーメントには釣り合いの状態になければならないという制約がある。図 2.1.1 に示すような構造物上の異なる位置に 2 個以上の力 $\vec{F}_A$, $\vec{F}_B$, …が作用している場合について，力の釣り合いの条件を説明する。モーメントの釣り合いについても基本的には同じである。

**(1) 力が 2 個の場合（$\vec{F}_A$, $\vec{F}_B$）（図 2.1.1（a））**

① 2 つの力は大きさが等しくて反対向き。
② 2 つの力の作用線は同一直線状にある。

**(2) 力が 3 個の場合（$\vec{F}_A$, $\vec{F}_B$, $\vec{F}_C$）（図 2.1.1（b））**

① 各力を $x$, $y$, $z$ 各方向に分解した時の同一方向成分の和が 0。

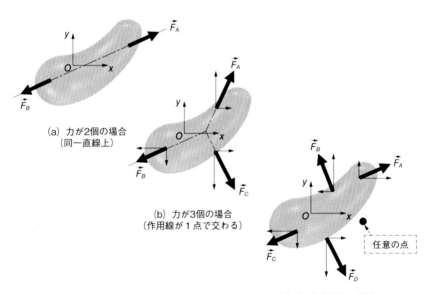

(a) 力が2個の場合
（同一直線上）

(b) 力が3個の場合
（作用線が 1 点で交わる）

任意の点

(c) 力が4個以上の場合
（任意の点の回りのモーメントが0）

図 2.1.1　力の釣り合い（簡単のため，座標軸は $x$–$y$ のみ表示）

第 2 章 材料力学の基礎

② 3 つの力の作用線が 1 点で交わる。
この条件は力が 2 個の場合を含んでいる。

(3) 力が $n$ 個（$n \geq 4$）の場合（$\vec{F_A}, \vec{F_B}, \vec{F_C}, \vec{F_D}, \cdots$）（図 2.1.1 (c)）
① 各力を $x, y, z$ 各方向に分解したときの同一方向成分の和が 0。
② 任意の点の回りの，$n$ 個の力によって生じるモーメントが 0。
この条件は力が 2 個，3 個の場合を含んでいる。

## 2.1.5 材料の機械的性質と物理的性質

材料には固有の性質があり，機械的性質と物理的性質に分けられる。その概要を表 2.1.2 にまとめて示したが，以下で詳細について説明する。

ただし，機械的性質と物理的性質の分類が明確にできている人はまれである。また両者を区別する必要は必ずしもなく，機械的性質としてまとめて捉えることが多い。

表 2.1.2　機械的性質と物理的性質

|   | 意味 | その量の例 | 性質を測定するための量 | 部品の材料 | 熱処理・調質（焼入れなど）の影響 |
|---|---|---|---|---|---|
| 機械的性質 | 外力を受けた時に，状態変化を起こす時を捉えた量。 | 引張強さ（応力），耐力（応力），衝撃値（エネルギー），etc | 「引張強さ」は「応力」という量で測るなど，性質を測定するための「ある量」が存在する。 | その量が「機械的性質が表す値」に達した時，物質の状態が変化したり，その値以上にはならなかったりする。 | 調質の影響を受けやすく，値が大きく変化することもある。 |
| 物理的性質 | 外力を受けた時に，2 種類の量の間の関係を表す量。 | 密度（質量 vs 体積），弾性係数（応力 vs ひずみ）線膨張係数（ひずみ vs 温度）etc | 物理的性質を測定するための「ある量」は存在しない。 | 何かの量が「物理的性質が表す値」に達した時に，状態変化が起きる，というわけではない。 | 調質の影響を受けにくく，値はほとんど変化しない。 |

## 2.1 材料力学とは？

### (1) 機械的性質

　材料が持つ限界値で，引張強さ，耐力，疲労限度，伸び，絞り，固さ，衝撃吸収エネルギーなどが該当する。材料が外力を受けた時に，ある**状態量**がある限界値を超えると，その限界値が意味するところの状態変化を起こす。例えば，材料が弾性域にある時，応力というパラメータが増加して限界値の1つである耐力を超えると塑性域に入る，などである。

　機械的性質は，その量を測定するための1個の状態量が存在している。またその量を測定するための試験方法が，JIS 規格で定められている。

### (2) 物理的性質

　物理的性質は，その量を測定するための状態量が2つあり，その間の比例定数で，弾性係数，線膨張係数，密度などが該当する。後述の基礎方程式の中に係数として現れるものが多い。

　物理的性質の測定は，その定義から直接行われる。例えば密度は質量と体積を測定してその比として定義される。

　焼入れ・焼戻しなどの材料への調質を行った場合，機械的性質は大きな影響を受けるが，物理的性質はほとんど影響を受けない。

## 第2章 材料力学の基礎

## 2.2 初級材料力学での仮定～線形

### 2.2.1 線形とは

　線形とは，作用量と発生量がすべて比例する状態であり，弾性範囲の応力とひずみや荷重と変位が典型的な線形性を示す。この他，厳密に見た場合には線形でなくても近似的に線形とみなせる現象は多く，特に機械構造では線形の範囲内で設計できることが多い。

　線形の構造では，荷重を与えた時の発生変位や発生応力は，その荷重の最初と最後の状態だけで決まり，途中経過は無関係である。要するに作用量と発生量の間に一対一の対応関係が成立つ。

　本来の世の中の一連の現象は，"発生した順番"を考慮しなければならないのが普通である。しかしすべての現象が線形性の成立つ範囲であれば，この一対一の対応関係のおかげで順番を入れ替えてもたどり着く結果は同じになる。

### 2.2.2 線形が成り立つための主要必要条件4つ

　材料力学の世界で構造物全体が線形性を示すための代表的な必要条件が4つある。表2.2.1に示すように，フックの法則，微小ひずみ，微小変位，不変境

表2.2.1　線形が成立つための主な必要条件

| | 必要条件 | 内容 | 必要条件が成立たない場合の呼び方 | |
|---|---|---|---|---|
| ① | フックの法則 | 応力とひずみが比例 | 材料非線形 | 不可逆 |
| ② | 微小ひずみ | 発生ひずみが $10^{-3}$ 以下 | 幾何学的非線形 | 可逆 |
| ③ | 微小変位 | 発生変位によって荷重・拘束の向きが不変<br>梁や板では発生たわみが厚み以下 | | |
| ④ | 不変境界 | 境界が移動や変化をしない<br>部品間でガタやすべりが発生しない | 接触問題<br>（境界非線形） | 不可逆 |

## 2.2 初級材料力学での仮定～線形

界である。内容については同表を見ればわかるが、これらの必要条件が成り立たない場合の呼び名である材料非線形，幾何学的非線形，接触問題（境界非線形）は，CAEの世界では頻繁に使用されるので，併せて覚えておくとよい。

### 2.2.3 線形と重ね合わせの原理

線形性が成立つと便利なのが"重ね合わせの原理"が使えることである。これは現象の順番を入れ替えることができることと同じ意味である。

構造物に複雑な荷重が作用した場合であっても，荷重を単純な因子に分け，その単純な荷重に対して計算した結果を足し合わせればよい。分析して答えを早く求めやすいという利点がある。

### 2.2.4 線形と設計検証

設計した装置が正常に機能するかどうかを確認するためには，必ず何らかの方法で検証しなければならない。その方法としてよく用いられるのが模型を使っての実測や，CAEによる解析である。

初めて設計した装置については検証の省略は許されない。しかしその装置を一旦世に出した後，その全体または一部が将来他の機種用に流用されることも多く，その際には検証はできれば省略したいのが本音である。

この検証の省略は，装置を線形で設計し，その使用環境条件が同一であれば可能になるのである。

以上のことから，いくらCAEが普及して非線形解析が自在にできるようになったからと言っても，非線形が避けられない熱や流体の世界は別として，構造設計に好き好んで非線形を取り込むようなことはすべきではなく，機械構造はできるだけ線形の範囲内で設計すべきである。

なお，幾何学的非線形は可逆的な非線形であって，多くの場合一対一対応が保証されるので，これが発生する装置は線形と同様に扱うことができ，検証の省略が可能である。

## 2.2.5 サン・ブナンの原理

図 2.2.1 に示すように，3 種類の方法で押された棒があるとしよう。同図 (a) は指先で集中荷重を，(b) は手のひらで一様分布荷重を，(c) は先端をつまんで外周に分布荷重を作用させたものである。これらは押し方は違っても，荷重の作用面から左に十分に離れた位置での応力はすべて同じになる。要するに荷重作用面から十分に離れたところに伝わる荷重の情報は，作用状態は伝わらず，その合力と合モーメントだけが伝わるのである。ここに"十分に"とは，荷重作用面の寸法（ここでは棒の高さ）程度以上である。これがサン・ブナンの原理である。

サン・ブナンの原理には別の説明の仕方がある。それは穴などの欠陥が存在する時の応力分布についてである。欠陥が存在するとその付近では応力値が乱れ，多くの場合には応力集中という現象を引き起こす。しかしその乱れも欠陥から十分に離れたところでは，欠陥があってもなくても同じ状態になるのである。ここでの"十分に"も欠陥の寸法程度である。

(a) 指で押す　　(b) 手の平で押す　　(c) 外周をつかんで押す

**図 2.2.1　棒への力の掛け方のいろいろ**（サン・ブナンの原理の説明）

## 2.3 材料力学の構成とCAEの位置づけ

材料力学に限らず，工学の多くの分野では，その中に通常次の4つの分野がある。
①発生現象と表現方法
②限界値の測定方法
③状態量の計算方法
④強度などの評価方法

CAEとは，これらの中で③の状態量の計算方法を数値解析で求める技術であり，また近年は④の強度評価についても知識ベースとしてCAEツールに組み込むことによって，計算結果をその場で判定できるようになってきている。

コンピュータのなかった時代には，エンジニアたちはこの先で紹介する材料力学の偏微分方程式を元に，自分で適切な仮定を置きながら対象構造や偏微分方程式を簡略化して解いていたものである。このような方法では解ける形状・荷重・拘束には大きな制約があった。しかし1970年ごろからCAEの背景理論のFEM（Finite Element Method：有限要素法）が身近なコンピュータ上でプログラム化できるようになり，入力データはまだ手作りではあったが，形状・荷重・拘束の制約は一挙に大幅に緩和された。

# 第2章 材料力学の基礎

## 2.4 機械構造用材料の性質と測定試験

### 2.4.1 引張試験と測定できる性質

　引張試験は JIS 規格[1]で定められた形状の引張試験片に対し,引張試験機で引張荷重を与え,荷重対伸びまたはひずみの関係を測定して引張強さ,耐力(降伏応力),弾性係数などを求める材料試験であり,金属材料については標準的試験の位置付けにある。代表的な試験片形状である JIS4 号試験片を図 2.4.1 に示す。

　表 2.4.1 には代表的な機械的性質・物理的性質と,その測定に必要な試験機類を示した。これを見ると,引張強さという指標は引張試験機さえあれば測定できることがわかるであろう。また,伸びや絞りも高度な測定機器を必要としない。ただし,絞りが測定できるのは丸棒タイプの試験片を使用できる材料のみであり,板材や線材では測定できない。

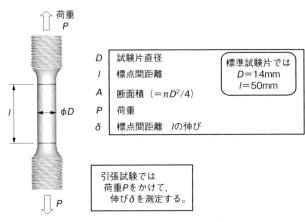

図 2.4.1　JIS4 号試験片形状

## 2.4 機械構造用材料の性質と測定試験

表 2.4.1 代表的な機械的性質・物理的性質と測定に必要な機器と試験片

| 性質 | | 試験装置 | 試験片 | 必要な測定器 |
|---|---|---|---|---|
| 最も基本的な性質<br>(特別な測定器不要) | 引張強さ | 引張試験機 | 引張試験片 | |
| | 伸び | 引張試験機 | 引張試験片 | ノギス |
| | 絞り | 引張試験機 | 引張試験片<br>(丸棒形のみ) | ノギス |
| 基本的な性質 | 耐力<br>降伏応力 | 引張試験機 | 引張試験片 | ひずみ測定器<br>(応力-ひずみ線図) |
| | 縦弾性係数 | 引張試験機 | 引張試験片 | ひずみ測定器 |
| | ポアソン比 | 引張試験機 | 引張試験片 | ひずみ測定器 |
| | 応力-ひずみ線図 | 引張試験機 | 引張試験片 | ひずみ測定器<br>伸び計<br>データロガー |

### 2.4.2 金属材料の応力-ひずみ線図

引張試験では表 2.4.1 の諸性質の他に，必要に応じて図 2.4.2 のような応力-ひずみ線図を描くことがある．特に耐力を測定する場合には，弾性域から塑性域に移行する領域の応力-ひずみ線図が不可欠である．

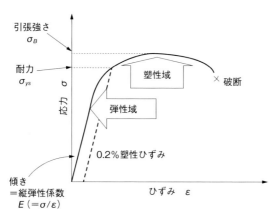

図 2.4.2 代表的な材料の応力-ひずみ線図

第 2 章　材料力学の基礎

応力-ひずみ線図の弾性域の直線から縦弾性係数 $E$, 弾性域を出た付近の 0.2％塑性ひずみ発生点から耐力 $\sigma_{ys}$ が, 最大荷重点から引張強さ $\sigma_B$ を知ることができる。ただし引張強さ $\sigma_B$ は線図がなくても測定できる量である。

### 2.4.3　応力-ひずみ線図に潜む材料力学の 3 つの基本公式

引張試験で直接測定できる状態量は引張荷重と伸びの関係であるが, これらを直接プロットはしていない。

縦軸は, 引張荷重に代えて, これを断面積で割った応力という値を用いた。これを式で表すと, 次のようになる。これを応力の定義式（拡張後は応力の釣合い方程式）と呼んでいる。

　　応力＝荷重／断面積　　　　　　　　　　　　　　　　　　　(2.4.1)

また, 横軸は伸びに代えて, これを標点間距離で割ったひずみという値を用いた。これを式で表すと, 次のようになる。これは変位からひずみを計算する式であり, ひずみの定義式と呼んでいる。

　　ひずみ＝伸び／標点間距離　　　　　　　　　　　　　　　　(2.4.2)

また, 応力とひずみの比率から縦弾性係数が得られた。これを式で表すと, 今後との関係から形を少し変えて次のようになる。これをフックの法則（拡張後は構成方程式）と呼んでいる。

　　ひずみ＝応力／縦弾性係数　　　　　　　　　　　　　　　　(2.4.3)

実はこれら 3 種類の式は, 材料力学の最も基本的な現象を 1 次元の状態について最も簡単に表している方程式なのである。これらは 3 次元の状態に拡張することができ, 材料力学のあらゆる問題は, その拡張された 3 種類の式に対し, 板や梁などの形状簡略化のための第 4 の追加式を加えて解かれているのである。

### 2.4.4　プラスチックの応力-ひずみ線図

プラスチックの応力-ひずみ線図は, 図 2.4.3 のように 4 種類に分類できる。いずれも弾性域であっても直線にはならないために, 現在は国際的に図 2.4.4 のような定義方法が定められている。

## 2.4 機械構造用材料の性質と測定試験

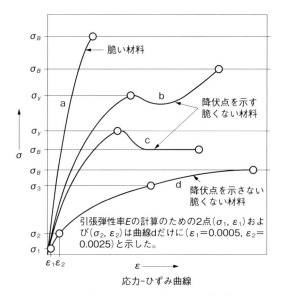

図 2.4.3 プラスチックの応力-ひずみ線図[2]

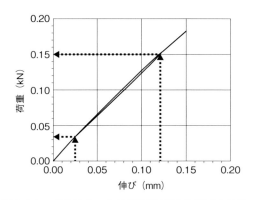

図 2.4.4 プラスチックの縦弾性係数の測定方法[2]
(JIS4 号試験片を用い,伸びが 0.025 mm と 0.125 mm の時の荷重値を直線で結んで決定)

第2章　材料力学の基礎

プラスチック材料などでは剛性が低いために金属用の比較的大型の試験機は使用できず，より小型の専用の試験機を使用するのが普通である。

なお，この応力-ひずみ線図については，強度評価の視点から第4章でもう一度詳細に解説する。

### 2.4.5　曲げ試験・ねじり試験

プラスチック材料では，引張試験を行って表2.4.1の諸性質の測定を行うとともに，曲げ試験も行って曲げ強さや曲げの縦弾性係数などを測定する。これは射出成形で製作される構造が板形状のものが多いためである。縦弾性係数は，もし材料が均一であれば引張りでも曲げでも同一の値を示すはずであるが，成形板では板厚方向に不均一性が生じるため，相違が現れる。

ねじり試験は，主にねじりに耐えなければならない軸材などで行われ，ねじりの弾性係数（＝横弾性係数）やねじり強さなどを測定する。

# 2.5 応 力

## 2.5.1 応力の定義

まず応力とは面に対して定義されるものであることを理解しておこう。

図 2.5.1 を見よう。ある部品に釣り合った力が作用している状態である。この時，$x$ 軸に垂直な断面を考えてみる。考えやすくするために，同図（b）のように $x$ 軸が正の部分を隠して見ると，この断面には隠した側にあった作用力 $F_1$, $F_2$ が合力 $F_x$ となって作用している。この断面は実際には破断しているわけではないから，この断面の裏側には材料が破断されまいと頑張っている抵抗力，すなわち大きさが等しくて向きが反対の力が発生して釣り合っていることになる。ここで力が増え続けるとこの抵抗力も増え続けるのだが，もし抵抗力が増え続けることができなくなった時には，この材料は破断に向かう。材料の引張強さを超えて負荷を続けると，このような現象が発生する。

この断面の合力 $F_x$ を断面積で割ったものが応力であるが，向きがわからないため，合力を $x$, $y$, $z$ の各座標軸方向に分解した成分 $F_{xx}$, $F_{xy}$, $F_{xz}$ をそれ

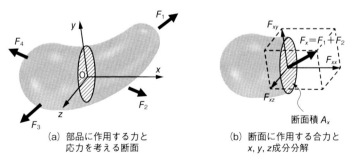

(a) 部品に作用する力と
応力を考える断面

(b) 断面に作用する合力と
$x$, $y$, $z$ 成分分解

図 2.5.1 応力の定義

## 第 2 章　材料力学の基礎

それを断面積で割った値を考える。

$$\sigma_x = \frac{F_{xx}}{A_x}, \quad \tau_{xy} = \frac{F_{xy}}{A_x}, \quad \tau_{xz} = \frac{F_{xz}}{A_x} \tag{2.5.1}$$

これが $x$ 軸に垂直な断面に発生する応力で 3 成分現れる。$\sigma_x$ は断面に垂直な成分であり、これを垂直応力と呼んでいる。また $\tau_{xy}$, $\tau_{xz}$ は断面に平行な成分であり、これらをせん断応力と呼んでいる。垂直応力とせん断応力はしばしば発生させる破壊現象が異なるために、記号も $\sigma$ と $\tau$ が使い分けられている。

$x$ 軸と同様にして、$y$ 軸、$z$ 軸についても、それらに垂直な断面に作用する合力 $F_y$, $F_z$ を考え、断面積 $A_y$, $A_z$ で割ることによって、各断面に発生する応力が以下のように得られる。

$y$ 軸に垂直な断面の応力

$$\tau_{yx} = \frac{F_{yx}}{A_y}, \quad \sigma_y = \frac{F_{yy}}{A_y}, \quad \tau_{yz} = \frac{F_{yz}}{A_y} \tag{2.5.2}$$

$z$ 軸に垂直な断面の応力

$$\tau_{zx} = \frac{F_{zx}}{A_z}, \quad \tau_{zy} = \frac{F_{zy}}{A_z}, \quad \sigma_z = \frac{F_{zz}}{A_z} \tag{2.5.3}$$

よく"点の応力"という言い方をするが、それは以上のようにある点を通る各座標軸に垂直な 3 枚の面の応力を合わせたものであって、全部で 9 成分ある。

### 2.5.2　せん断応力成分の対称性

上記の応力の発生と同時に、考えていた断面の裏側には抵抗力によって矢印の向きが反対の応力が発生し、対を成している。この対になった応力の矢印は逆向きになるが、符号については反転させない決まりになっている。

例として図 2.5.2 には $x$–$y$ 平面に関する応力成分を示した。わかりやすさのために発生点の周囲に微小な正方形領域を描いて各応力成分を示した。まず $x$ 方向成分だけを抜き出した同図 (a) に注目してみよう。この図から一対の垂直応力の $\sigma_x$ は面の反対側の成分と力線が一致しているために釣り合っている。一方、一対のせん断応力成分 $\tau_{xy}$ は大きさは等しくても力線が合っていないの

## 2.5 応力

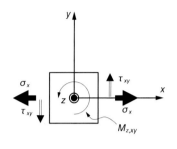 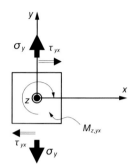

(a) 垂直応力 $\sigma_x$ の釣り合いと
せん断応力 $\tau_{xy}$ が発生する
モーメント

(b) 垂直応力 $\sigma_y$ の釣り合いと
せん断応力 $\tau_{yx}$ が発生する
モーメント

**図 2.5.2　せん断応力 $\tau_{xy}$ によって発生するモーメント Mz**
($\tau_{yx}$ からは逆向きのモーメントが発生)

で偶力となって $z$ 軸周りのモーメント $M_{z,xy}$ を発生させてしまい，それら自身では釣り合わない。

次に $y$ 方向成分を抜き出した同図 (b) に目を移してみよう。垂直応力 $\sigma_y$ については $\sigma_x$ の場合と同様に釣り合っているが，$\tau_{yx}$ についてはやはり $z$ 軸回りのモーメント $M_{z,yx}$ を発生させてしまう。しかし $z$ 軸周りのモーメントを発生させるような応力は他にはないので，

$$M_{z,xy} + M_{z,yx} = 0 \tag{2.5.4}$$

でなければならず，これから，

$$\tau_{xy} = \tau_{yx} \tag{2.5.5}$$

が導かれる。

以上のことは $x$–$y$ 平面だけでなく他の面についても同様であるため，結果としてせん断応力の成分間には次式も成立つ。

$$\tau_{yz} = \tau_{zy}, \quad \tau_{zx} = \tau_{xz} \tag{2.5.6}$$

要するに，せん断応力の成分は，2 個の添え字を入れ替えたもの同士は等しい値となる。この性質はせん断応力成分の共役性または対称性と呼ばれて，この 3 組の関係が常に成り立つために，応力の成分で独立なものは 9 個から 3 個

第 2 章　材料力学の基礎

減って 6 個となる．数値解析の世界では応力成分をマトリクス状に配置して，

$$\begin{pmatrix} \sigma_x & \tau_{xy} & \tau_{xz} \\ \tau_{yx} & \sigma_y & \tau_{yz} \\ \tau_{zx} & \tau_{zy} & \sigma_z \end{pmatrix} \tag{2.5.7}$$

と書き，これを応力マトリクスと呼んでいるが，せん断応力成分の対称性により，このマトリクスも対称となる．本書では 2 個の対称なせん断応力を特に区別する必要がない場合には $\tau_{xy}$, $\tau_{yz}$, $\tau_{zx}$ を優先して使用する．

なお，外力の力線が交わらない場合には断面には合力とともに偶力も発生するが，その場合にはその偶力から発生するモーメントに対しての応力を求め，合力から得た応力に加算すればよい．

### 2.5.3　応力の符号と物理的意味

図 2.5.2（a）に戻ってみよう．ここでは x 軸が正の部分を隠して考え，応力値も式(2.5.1)〜式(2.5.3)で定義されることを示した．では逆に x 軸が負の部分を隠して見るとどうなるのだろうか．答は次のとおりである．式(2.5.1)〜式(2.5.3)の導かれる式には変わりがないのだが，そこから計算されてくる応力値の符号が逆転してしまうのである．

応力の正負の定義は，座標軸が正の部分を隠した時に断面に現れる合力の成分の符号で決まることを確認しておこう．

では，その応力の符号については，どのような意味があるのだろうか．答は，垂直応力とせん断応力とではその意味が大きく異なってくるので，順に説明しよう．

### (1) 垂直応力の符号は重要

まず垂直応力については，符号が
・正の場合には引張りの状態
・負の場合には圧縮の状態
という物理的な意味が明確である．一般の工業材料は程度の差はあるが引張り

## 2.5 応 力

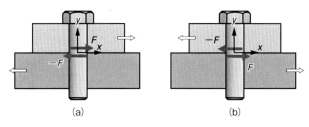

図 2.5.3　せん断応力の符号

に弱く圧縮に強いのが普通であり，この垂直応力の正負の表す意味は重要である。第4章で解説する主応力は，ある点の応力状態が引張りか圧縮かを判断する基準になるので，機械材料の世界では重要な指標となっている。

**(2) せん断応力の符号は重要ではない**

　一方のせん断応力であるが，図 2.5.3 を見てみよう。2枚の板を重ねてボルトで結合した構造である。座標系はごく自然に右向きを $x$ 軸，上向きを $y$ 軸に取る。ここで2枚の板を互いに $x$ 方向反対向きに引張ると，ボルトには一対のせん断力が作用して，その間でせん断応力が発生する。ここでせん断応力の符号について考えてみよう。

　まず同図（a）の方に注目すると，2枚の板の境界面（$y$ 軸に垂直な断面）を考え，$y$ 軸が正の部分を隠すと，$x$ 方向の力 $F$ が合力そのものとなるので，これをボルトの断面で割れば，ボルトのせん断応力が求まる。$F$ は右向きなので，このせん断応力の符号は正である。次に（b）に注目してみよう。これを最初に見せられたら，（a）と同様に座標系を設定し，せん断応力を定義することだろう。しかし $F$ が左向きなので，この場合の符号は負である。

　さて，客観的に（a）と（b）を比較してみると，これらは構造物を表側から見たか裏側から見たかの違いであって，物理的な違いはない。

　要するに，（a）と（b）で挙動が異なるような特殊なケースは別として，せん断応力の符号というものは，等方性材料については物理的な意味がないことがわかる。だから，せん断応力の値だけを取り出して強度判定する場合などは，

## 第2章 材料力学の基礎

符号については無視して絶対値を取ればよい。

ただし，注意点が2つある。1つは材料力学の梁の公式の誘導の際には，せん断応力とせん断力とモーメントの符号を矛盾しないように決めておく必要があるので，勝手には決められないことである。もう1つは，材料力学とCAEの世界では符号の定義の仕方が異なっていることである。ここで示した定義方法はCAEの世界に限らず極めて汎用性の高い方法であるから，今後はこちらに沿って定義するとよい。

### 2.5.4 計算しなくてもわかる応力

構造の応力は，計算しなくても応力値がわかる場所がある。それは拘束や他の部材との接触のない境界での垂直方向応力とせん断応力（2成分）である。

例として図 2.5.4 の凸字形の厚さ一様のブロック材を考え，両脇を固定し，頭部に $y$ 方向一様引張分布荷重 $\sigma_0$ を与える。すると，分布荷重の作用面である A 面は $y$ 軸に垂直な面であるからその応力は，式(2.5.2)から，

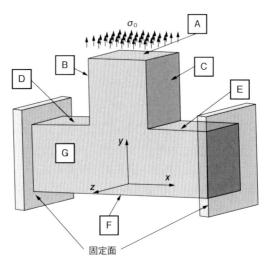

図 2.5.4　上部に等分布荷重が作用し，両脇が固定された凸字形ブロック

## 2.5 応　力

$$\sigma_y = \sigma_0, \quad \tau_{xy} = 0, \quad \tau_{yz} = 0 \tag{2.5.8}$$

であることがわかる．ただし，この面上での $y$ 軸以外の $x$ 軸，$z$ 軸に垂直な面の応力である $\sigma_x$，$\sigma_z$，$\tau_{zx}$ の 3 個は不明である．

同様にして，肩の上に相当する D 面，E 面，底部の F 面についても，A 面で $\sigma_0 = 0$ と置いたのと同じ状態になることから，

$$\sigma_y = 0, \quad \tau_{xy} = 0, \quad \tau_{yz} = 0 \tag{2.5.9}$$

となり，また縦の面の B 面，C 面では，$x$ 軸に垂直な面であるから，式(2.5.1)から，

$$\sigma_x = 0, \quad \tau_{xy} = 0, \quad \tau_{zx} = 0 \tag{2.5.10}$$

さらに，正面の G 面では $z$ 軸に垂直な面であることから，

$$\sigma_z = 0, \quad \tau_{yz} = 0, \quad \tau_{zx} = 0 \tag{2.5.11}$$

とであることがわかる．

拘束も荷重も存在しない面のことを自由表面（2 次元形状では自由縁）と呼んでいる．

なお，両脇の固定面についてはすべての応力値が自明ではなく，計算しなければわからない．

以上は平面境界の例だったが，図 2.5.5 に示す曲面の自由表面でも，垂直方向応力 $\sigma_n$ とせん断応力 2 成分（$\tau_{nt}$, $\tau_{ns}$）が 0 になることは同様である．

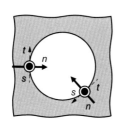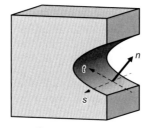

$\sigma_n = \tau_{nt} = \tau_{ns} = 0$

**図 2.5.5　自由曲面での応力**
（$n$ は法線方向　$t$ は接線方向
$s$ は紙面に垂直な接線方向）

第2章　材料力学の基礎

### 2.5.5　単純な応力分布～垂直応力，せん断応力

ごく単純な荷重が作用した場合の断面に発生する定性的な応力分布を見ておこう。

#### (1) 棒の引張りの断面応力分布

まず，図 2.5.6 (a) は左端を固定し，右端を $F_x$ で引張った角棒である。応力は長さ方向の中央部を見ると，ここでの応力分布は幅方向に一様分布し，その値 $\sigma_x$ は

$$\sigma_x = \frac{F_x}{A} = \frac{F_x}{ht} \tag{2.5.12}$$

である。

長さ方向の中央部の位置は右端から板幅分以上離れた位置であるので，サン・ブナンの原理により荷重が集中荷重でも分布荷重でも差は現れない。

#### (2) 梁の曲げの断面応力分布

次に，図 2.5.6 (c) のように右端をせん断荷重 $F_z$ に変えてみる。するとこ

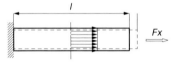
(a) 棒の引張りによって発生する引張応力分布

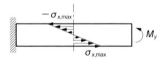
(b) モーメントによって発生する梁の曲げ応力分布

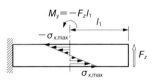
(c) せん断力によって発生する梁の曲げ応力分布

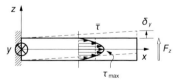
(d) せん断力によって発生する梁のせん断応力分布

図 2.5.6　基本的な応力分布

## 2.5 応 力

の棒は $F_z$ と作用面からの距離 $l_1$ の積で決まるモーメント $M_y$

$$M_y = -F_z l_1 \tag{2.5.13}$$

による曲げを受けるようになり，発生する応力も $M_y$ による曲げ応力 $\sigma_x$

$$\sigma_x = \frac{M_y}{I} y = -\frac{F_z l_1}{I} y \tag{2.5.14}$$

となる。$I$ は断面 2 次モーメントと呼ばれ，断面形状のみから決まる値である。

　このように主として曲げ変形を受ける棒のことを梁と呼び，一端を固定し他端にせん断力を負荷した状態を片持ち梁と呼んでいる。

　式(2.5.14)の応力分布は中立軸 $z=0$ の位置で 0，その上下で符号が逆の線形分布になる。長方形や円形などの対称形状の断面では，この曲げ応力は上下表面において絶対値が最大になる。要するに分布が中立軸を挟んで逆対称になる。また，$\sigma_x$ の大きさは右端からの距離に比例する。

　この梁には曲げ応力の他に $F_z$ によるせん断応力 $\tau_{xz}$ も発生していて，その平均値 $\bar{\tau}_{xz}$ は引張りの場合と同様にして

$$\bar{\tau}_{xz} = \frac{F_z}{A} = \frac{F_z}{ht} \tag{2.5.15}$$

となるが，その分布は図 2.5.6 (d) に示したように放物線状の分布

$$\tau_{xz} = \frac{3\bar{\tau}_{xz}}{2} \left\{ 1 - \left(\frac{2z}{h}\right)^2 \right\} \tag{2.5.16}$$

になっている。上下表面で $\tau_{xz}=0$ になる理由は，そこが $z$ 軸に垂直な自由縁なので $\tau_{zx}=0$ となるからである。また $\tau_{xz}$ の最大値 $\tau_{xz,\,\max}$ は

$$\tau_{xz,\,\max} = \frac{3}{2} \bar{\tau}_{xz} \tag{2.5.17}$$

となって平均値の 1.5 倍になる。この現象を捉えて，「梁のせん断強度設計は平均値の 1.5 倍を基準に行わなければならない」という人がいるが，破壊が板厚中央から発生する可能性のある合板を除いては平均値 $\bar{\tau}_{xz}$ を用いればよい。

第 2 章　材料力学の基礎

# 2.6　ひずみ

## 2.6.1　ひずみの定義

### (1)　縦ひずみ・横ひずみ

図 2.5.6 (a) の棒を右方向に引張ると棒は $\delta_x$ だけ伸びる。この伸び量 $\delta_x$ を全長 $l$ で割ったものが縦ひずみ $\varepsilon_x$ である。

$$\varepsilon_x = \frac{\delta_x}{l} \tag{2.6.1}$$

この場合の縦とは，荷重方向を意味している。

またこのとき棒は縦方向には $\delta_y$ だけ縮む。一の縮み量 $\delta_y$ を幅 $h$ で割ったものが横ひずみ $\varepsilon_y$ である。

$$\varepsilon_y = -\frac{\delta_y}{h} \tag{2.6.2}$$

### (2)　ポアソン比

$\varepsilon_y$ と $\varepsilon_x$ の比は，材料によって一定であることがわかっている。この絶対値をポアソン比 $\nu$ と呼んでいる。

$$\nu = \left| \frac{\varepsilon_y}{\varepsilon_x} \right| \tag{2.6.3}$$

### (3)　せん断ひずみ

図 2.5.6 (c) の場合は，せん断力により曲げ変形とせん断変形が発生する。通常は前者が支配的であるが，$l/h$ が 1 に近づくと後者の比率が増す。せん断変形は平行四辺形状になる変形で，図中のずれ量 $\delta_y$ を長さ $l$ で割ったものが

## 2.6 ひずみ

せん断ひずみ $\gamma$ である．

$$\gamma = \frac{\delta_y}{h} \qquad (2.6.4)$$

### 2.6.2 ひずみの成分

ひずみの成分は，応力成分に対応して

$$\varepsilon_x, \varepsilon_y, \varepsilon_z, \gamma_{xy}, \gamma_{yx}, \gamma_{yz}, \gamma_{zy}, \gamma_{zx}, \gamma_{xz} \qquad (2.6.5)$$

の9個がある．また応力の場合と同様にせん断ひずみにも共役性

$$\gamma_{xy} = \gamma_{yx}, \quad \gamma_{yz} = \gamma_{zy}, \quad \gamma_{zx} = \gamma_{xz} \qquad (2.6.6)$$

があるので，独立なものは6個である．

### 2.6.3 ひずみの符号と意味

せん断ひずみについては，せん断応力と同様，符号に物理的意味はない．
垂直応力については，基本的には

　＋の時引張り

　－の時圧縮

ではあるが，図2.5.6 (a) のように引張荷重しか作用していないのにマイナスの横ひずみが発生するなど，応力の場合ほど引張圧縮には対応していない．

### 2.6.4 真応力と真ひずみ

式(2.4.1)の応力と式(2.4.2)のひずみは変形前の断面積と標点間距離で定義されている．このような定義を公称応力 $\sigma_n$，公称ひずみ $\varepsilon_n$ と呼んでいる．しかし，引張力を受け続けると断面積は次第に細り，標点間距離は伸びていくはずだから，実際には"その瞬間の断面積"を用いるべきである．このような応力，ひずみのことを真応力 $\sigma_a$，真ひずみ $\varepsilon_a$ と呼んでいる．

引張試験片や図2.5.6 (a) の棒のように引張方向の応力とひずみが支配的な場合には，両者の間に次の関係式が成り立つ．

## 第2章　材料力学の基礎

$$\sigma_a = \sigma_n(1+\varepsilon_n)$$
$$\varepsilon_a = \ln(1+\varepsilon_n)$$
(2.6.7)

　通常の設計は弾性の範囲内で行うので，発生ひずみは金属の場合で大きくても1%に達しない。この状態では式(2.6.7)からわかるように，真値と公称値の間の相違は高々1%であるので，どちらを使用しても結果にほとんど差はない。このため普段の設計では公称値を用いるのが普通である。

　しかし変形が大きくなってくると，真応力と真ひずみを使うだけでなく，回転も伴うことを考慮しないと正しい現象の分析ができない。

　微小変形領域を超えた大変形領域での状態量の表現の仕方には昔から他にもいろいろな応力とひずみが提案されてきた。CAEの非線形解析機能を使用すると，プログラムによってはその選択を迫られることもあるが，現在では真応力と真ひずみがデフォルトに設定されつつある。要は，非線形解析を行うと，そこで出力されてくる応力とひずみの値は決して公称値ではなく，真値の方である。

## 2.7 材料力学の基礎式

さていよいよ材料力学の基礎式3種類を紹介しよう。

### 2.7.1 応力の定義式～応力の釣合い方程式

応力成分は，各面に発生する3成分の間に次のような関係式が成立つ。これを応力の釣り合い方程式と呼んでいる。ここに$f_x$, $f_y$, $f_z$は重力や遠心力のような質量に直接力を及ぼす体積力である。

$$\begin{cases} \dfrac{\partial \sigma_x}{\partial x} + \dfrac{\partial \tau_{xy}}{\partial y} + \dfrac{\partial \tau_{xz}}{\partial z} + f_x = 0 \\[6pt] \dfrac{\partial \tau_{yx}}{\partial x} + \dfrac{\partial \sigma_y}{\partial y} + \dfrac{\partial \tau_{yz}}{\partial z} + f_y = 0 \\[6pt] \dfrac{\partial \tau_{zx}}{\partial x} + \dfrac{\partial \tau_{zy}}{\partial y} + \dfrac{\partial \sigma_z}{\partial z} + f_z = 0 \end{cases} \qquad (2.7.1)$$

### 2.7.2 フックの法則～応力とひずみの関係

弾性体では応力とひずみの間に次のフックの法則が成立つ。異方性の一般式を示したが，等方性の場合には⇒の右側の式となる。ここに$E_x$は$x$方向に引張った時に得られる縦弾性係数，$\nu_{xy}$は$x$方向に引張った時に$y$方向に縮むひずみから算出されるポアソン比，$G_{xy}$は$x$-$y$面内のせん断変形にかかわる横弾性係数であり，他の添え字の定数についても同様に定義することができる。

$$\begin{cases} \varepsilon_x = \dfrac{\sigma_x}{E_x} - \dfrac{\nu_{yx}\sigma_y}{E_y} - \dfrac{\nu_{zx}\sigma_z}{E_z} \Rightarrow \dfrac{1}{E}(\sigma_x - \nu\sigma_y - \nu\sigma_z) \\[6pt] \varepsilon_y = -\dfrac{\nu_{xy}\sigma_x}{E_x} + \dfrac{\sigma_y}{E_y} - \dfrac{\nu_{zy}\sigma_z}{E_z} \Rightarrow \dfrac{1}{E}(-\nu\sigma_x + \sigma_y - \nu\sigma_z) \end{cases}$$

## 第2章　材料力学の基礎

$$\left\{\begin{array}{l} \varepsilon_z = -\dfrac{\nu_{xz}\sigma_x}{E_x} - \dfrac{\nu_{yz}\sigma_y}{E_y} + \dfrac{\sigma_z}{E_z} \Rightarrow \dfrac{1}{E}(-\nu\sigma_x - \nu\sigma_y + \sigma_z) \\[2mm] \gamma_{xy} = \dfrac{\tau_{xy}}{G_{xy}} \Rightarrow \dfrac{\tau_{xy}}{G} \\[2mm] \gamma_{yz} = \dfrac{\tau_{yz}}{G_{yz}} \Rightarrow \dfrac{\tau_{yz}}{G} \\[2mm] \gamma_{zx} = \dfrac{\tau_{zx}}{G_{zx}} \Rightarrow \dfrac{\tau_{zx}}{G} \end{array}\right. \qquad (2.7.2)$$

上式が実際に使用される場合，特にFEMの内部ではひずみから応力を求めることが多いので，その形も示しておく．ただし異方性の場合には煩雑になるので，等方性の場合についてのみを示す．

$$\left\{\begin{array}{l} \sigma_x = \dfrac{E}{1-\nu^2}(\varepsilon_x + \nu\varepsilon_y + \nu\varepsilon_z) \\[2mm] \sigma_y = \dfrac{E}{1-\nu^2}(\nu\varepsilon_x + \varepsilon_y + \nu\varepsilon_z) \\[2mm] \sigma_z = \dfrac{E}{1-\nu^2}(\nu\varepsilon_x + \nu\varepsilon_y + \varepsilon_z) \\[2mm] \tau_{xy} = G\gamma_{xy} \\ \tau_{yz} = G\gamma_{yz} \\ \tau_{zx} = G\gamma_{zx} \end{array}\right. \qquad (2.7.3)$$

式(2.7.3)は次のようなベクトルとマトリクスの形でも書かれることが多い．

$$\begin{Bmatrix} \sigma_x \\ \sigma_y \\ \sigma_z \\ \tau_{xy} \\ \tau_{yz} \\ \tau_{zx} \end{Bmatrix} = \dfrac{E}{1-\nu^2} \begin{bmatrix} 1 & \nu & \nu & 0 & 0 & 0 \\ \nu & 1 & \nu & 0 & 0 & 0 \\ \nu & \nu & 1 & 0 & 0 & 0 \\ 0 & 0 & 0 & \dfrac{1-\nu}{2} & 0 & 0 \\ 0 & 0 & 0 & 0 & \dfrac{1-\nu}{2} & 0 \\ 0 & 0 & 0 & 0 & 0 & \dfrac{1-\nu}{2} \end{bmatrix} \begin{Bmatrix} \varepsilon_x \\ \varepsilon_y \\ \varepsilon_z \\ \gamma_{xy} \\ \gamma_{yz} \\ \gamma_{zx} \end{Bmatrix} \qquad (2.7.4)$$

このような表示を取った場合の左辺を応力ベクトル，右辺のマトリクスを$D$

## 2.7 材料力学の基礎式

マトリクス，ベクトルをひずみベクトルと呼び，異方性の場合も含めて次のような簡略化した形で表示されることが多い。

$$\{\sigma\} = [D]\{\varepsilon\} \tag{2.7.5}$$

等方性の場合には，$E$, $G$, $\nu$ の間に次の有名な関係式が成り立つ。

$$E = 2(1+\nu)G \tag{2.7.6}$$

このため，CAE のプログラムの多くでは，$E$ と $\nu$ のみを入力し，$G$ は上式から自動計算してくれるようになっている。

### 2.7.3 ひずみの定義式

ひずみは変位から次のような式で定義される。

$$\begin{cases} \varepsilon_x = \dfrac{\partial u_x}{\partial x} - \varepsilon_{x0}, \quad \varepsilon_y = \dfrac{\partial u_y}{\partial y} - \varepsilon_{y0}, \quad \varepsilon_z = \dfrac{\partial u_z}{\partial z} - \varepsilon_{z0}, \\[6pt] \gamma_{xy} = \dfrac{\partial u_x}{\partial y} + \dfrac{\partial u_y}{\partial x} - \gamma_{xy0} \\[6pt] \gamma_{yz} = \dfrac{\partial u_y}{\partial z} + \dfrac{\partial u_z}{\partial y} - \gamma_{yz0} \\[6pt] \gamma_{zx} = \dfrac{\partial u_z}{\partial x} + \dfrac{\partial u_x}{\partial z} - \gamma_{zx0} \end{cases} \tag{2.7.7}$$

ここに右辺の $\varepsilon_{x0}$ などは熱ひずみ，残留ひずみなどの初期ひずみと呼ばれているものである。残留ひずみの場合には測定してみなければわからないが，等方性の熱ひずみの場合には，線膨張係数を $\alpha$，温度上昇値を $\Delta T$ とすれば，

$$\begin{cases} \varepsilon_{x0} = \varepsilon_{y0} = \varepsilon_{z0} = \alpha \Delta T \\ \gamma_{xy0} = \gamma_{yz0} = \gamma_{zx0} = 0 \end{cases} \tag{2.7.8}$$

である。

ひずみの他に，回転の定義式がある。回転は，板や梁などの回転量を定義するのに用いられている関係式である。

第 2 章 材料力学の基礎

$$\begin{cases} \theta_{xy} = \dfrac{1}{2}\left(\dfrac{\partial u_y}{\partial x} - \dfrac{\partial u_x}{\partial y}\right) \\ \theta_{yz} = \dfrac{1}{2}\left(\dfrac{\partial u_z}{\partial y} - \dfrac{\partial u_y}{\partial z}\right) \\ \theta_{zx} = \dfrac{1}{2}\left(\dfrac{\partial u_x}{\partial z} - \dfrac{\partial u_z}{\partial x}\right) \end{cases} \quad (2.7.9)$$

## 2.7.4 弾性体の変位を未知数とした方程式

以上の 3 種類の基礎方程式で，初期ひずみを無視したひずみの定義式をフックの法則に代入し，さらに応力の釣り合い方程式に代入すると，変位を未知数とした偏微分方程式が得られる。

$$\begin{cases} \nabla^2 u_x + \dfrac{1}{1-2\nu}\dfrac{\partial}{\partial x}\left(\dfrac{\partial u_x}{\partial x} + \dfrac{\partial u_y}{\partial y} + \dfrac{\partial u_z}{\partial z}\right) + \dfrac{f_x}{G} = 0 \\ \nabla^2 u_y + \dfrac{1}{1-2\nu}\dfrac{\partial}{\partial y}\left(\dfrac{\partial u_x}{\partial x} + \dfrac{\partial u_y}{\partial y} + \dfrac{\partial u_z}{\partial z}\right) + \dfrac{f_y}{G} = 0 \\ \nabla^2 u_z + \dfrac{1}{1-2\nu}\dfrac{\partial}{\partial z}\left(\dfrac{\partial u_x}{\partial x} + \dfrac{\partial u_y}{\partial y} + \dfrac{\partial u_z}{\partial z}\right) + \dfrac{f_z}{G} = 0 \end{cases} \quad (2.7.10)$$

これが現在の変位法 FEM で解いている偏微分方程式である。

## 2.7.5 三軸応力，二軸応力，一軸応力 ＝板・シェル・棒・軸・梁・柱

上記の 3 組の方程式は，三軸応力状態すなわちすべての力・すべての応力の成分などが同程度の大きさで発生することを前提として導かれた式である。しかし実際に使用される部材は，梁や板なども多く，この場合には厚み（高さ）方向の応力などは無視できるようになって，方程式は簡略化できる。要するに，実用部材については，第 4 の方程式として簡略化の条件を付け加えてやれば，その部材の現実的な状態が表現できるようになるのである。以下，その簡略化の式を明示する。

## 2.7 材料力学の基礎式

### (1) 二軸応力状態〜シェル

シェルとは主に面外変形が発生する曲面状の薄板を指すが,説明上は簡単のために平板を対象に取り上げる。

二軸応力状態とは,図 2.7.1 (a) に示すような板で現れる。ここでは厚み ($z$ 方向の寸法) が小さいので $z$ に関する応力成分の $\sigma_z$, $\tau_{yz}$, $\tau_{zx}$ が現れたとしても面内方向の他の成分に比べて省略できる程度のオーダーになる。また全ての変位や応力などは,厚み方向に変化はしても,その変化量は $z$ に対して一定となる。

以上から第 4 の追加式は次のようになる。

・厚み方向 ($z$ 方向) の応力成分が無視できる

$$\sigma_z = \tau_{zx} = \tau_{zy} = 0 \tag{2.7.11}$$

・厚み方向の変位 $u_z$ は,厚み方向に不変

$$\frac{\partial u_z}{\partial z} = 0 \tag{2.7.12}$$

(a) 平面応力状態
 ($z$方向に薄板;$\sigma_z=0$)

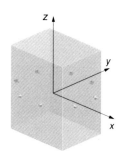
(b) 平面ひずみ状態
 ($z$方向に形状変化も荷重・拘束変化もない非常にぶ厚いブロック;$\varepsilon_z=0$)

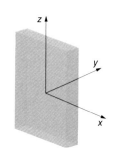
(c) (b)で$y$方向寸法が小さくなった形状

図 2.7.1 平面応力と平面ひずみ

## 第2章 材料力学の基礎

### (2) 二軸応力状態〜2次元問題(平面応力状態)

狭義の二軸応力状態は2次元問題のことであり,図2.7.1 (a) のような薄い板が $x$-$y$ 面内変形しか発生しない応力状態である。薄板の延長のこの状態は平面応力状態と呼ばれ,$z$ 方向面外成分が $\varepsilon_z$ を除いてすべて 0 とみなせるので,第4の追加式は次のようになる。

$$u_z = \sigma_z = \gamma_{yz} = \gamma_{zx} = 0 \tag{2.7.13}$$

### (3) 二軸応力状態〜2次元問題(平面ひずみ状態)

2次元応力状態にはもう1つのケースが存在する。図2.7.1 (a) のような薄い板では $y$ 軸に垂直な2面が固定されて $x$ 方向に引張られたような場合でも内部では $z$ 軸方向(厚さ方向)に縮むことができるが,同図 (b) のように $z$ 軸方向に形状変化も荷重変化もない非常に分厚いブロックを同様の拘束と荷重の下に置くと,内部では厚み方向には自由に縮むことができなくなる。これはちょうど $z$ 方向上下2面で拘束されたかのような状態となっていて,$\varepsilon_z$ は事実上 0 となる。このような状態を平面ひずみ状態と呼んでいて,第4の追加式は次のようになる。

$$u_z = \varepsilon_z = \gamma_{yz} = \gamma_{zx} = 0 \tag{2.7.14}$$

ちなみに平面ひずみ状態では薄板では 0 とみなせた $\sigma_z$ が現れる。$\sigma_z$ はフックの法則から次のような値を持つようになる。

$$\sigma_z = -\nu(\sigma_x + \sigma_y) \tag{2.7.15}$$

平面ひずみは非常に特殊な状態のように思えるかも知れないが,図2.7.1 (b) で $y$ 方向寸法を縮めてみると上下2辺を拘束された板となることから,シェルの世界では意識しないうちにごく普通に現れている現象であることがわかる。

### (4) 一軸応力状態〜梁の曲げ

図2.7.1 (a) の板の $y$ 方向寸法が縮まると部材は**図2.7.2** に示すような断面長方形の棒になる。この棒が $y$ 軸周りの曲げモーメントを受ける時の状態について第4の追加式を導く。曲げ変形を受ける棒は梁と呼ばれる。梁の変位は,

## 2.7 材料力学の基礎式

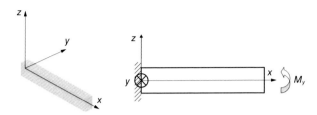

図 2.7.2 梁の座標系

梁の軸方向である $x$ 軸に対して垂直に発生するのが特徴で,このような変位をたわみと呼んでいる。

梁は $y$ 軸周りのモーメントを受ければ $z$ 軸方向に変位し,$z$ 軸周りのモーメントを受ければ $y$ 軸方向に変位する。これらは別々に考えておいて必要なら組み合わせればよいので,今は後者の場合について考えると,第 4 の追加式は次のようになる。

・応力成分は $\sigma_x$ しか発生しない。

$$\sigma_y = \sigma_z = 0$$
$$\tau_{xy} = \tau_{yz} = \tau_{zx} = 0 \qquad (2.7.16)$$

・$x$-$y$ 面内の変形は $z$ 方向には変化しない。

$$\frac{\partial \varepsilon_x}{\partial z} = \frac{\partial \varepsilon_y}{\partial z} = 0 \qquad (2.7.17)$$

・$\sigma_x$ はモーメント $M_z$ によって発生。

$$M_z = \int_A y \sigma_x \, dy dz \qquad (2.7.18)$$

($A$ は $y$-$z$ 断面積)

・$\sigma_x$ により軸力は発生しない。(軸力を発する場合は,別途棒の引張圧縮で考慮)

$$F_x = \int_A \sigma_x \, dA = 0 \qquad (2.7.19)$$

・参考として,たわみ曲線 $u_z$ の曲率 $1/\rho$ の数学的な定義式を示しておく。

## 第2章 材料力学の基礎

$$\frac{1}{\rho} = \frac{\dfrac{\partial^2 u_y}{\partial x^2}}{\left\{1+\left(\dfrac{\partial u_y}{\partial x}\right)^2\right\}^{3/2}} \cong \frac{\partial^2 u_y}{\partial x^2} \tag{2.7.20}$$

ここで，$\varepsilon_x$ を $y$ で偏微分し，$\gamma_{yx}=0$ の関係と曲率の定義式(2.7.18)を用いると，

$$\frac{\partial \varepsilon_x}{\partial y} = \frac{\partial^2 u_x}{\partial x \partial y} = -\frac{\partial^2 u_y}{\partial x^2} = -\frac{1}{\rho} \tag{2.7.21}$$

を得る。これが梁のたわみ方程式の原型であり，後ろの2項を取り出して書くと，

$$\frac{\partial^2 u_z}{\partial x^2} = \frac{1}{\rho} \tag{2.7.22}$$

となる。

一方，モーメントとたわみ方程式の関係を求めるために，式(2.7.21)を $y$ で積分し式(2.7.17)を考慮すると，

$$\varepsilon_x = -\frac{y}{\rho} + c(x) \tag{2.7.23}$$

となる。ここに $c(x)$ は $x$ の任意関数である。さらにフックの法則を適用して式(2.7.19)を考慮すると $c(x)=0$ となり，

$$\sigma_x = E\varepsilon_x = -\frac{Ey}{\rho} \tag{2.7.24}$$

を得る。これをモーメント $M_z$ の定義式に代入して，

$$M_z = \int_A y\sigma_x \, dydz = \frac{E}{\rho} \int_A y^2 \, dydz = \frac{EI}{\rho} \tag{2.7.25}$$

を得る。式(2.7.22)と式(2.7.25)から最終的に梁のたわみの方程式

$$\frac{d^2 u_y}{dx^2} = \frac{M}{EI} \tag{2.7.26}$$

が得られる。$u_y$ は $x$ だけの関数のため，式(2.7.26)では偏微分を常微分に書き換えた。また，一般の材料力学の教科書では，右辺にマイナスがついているが，

## 2.7 材料力学の基礎式

これは座標系の定義の違いによるもので，本書の定義によればマイナスはつかない。

なお $I$ は断面2次モーメントと呼ばれ，断面中心を原点とした座標系について，

$$I_{zz} = \int_A y^2 dydz \tag{2.7.27}$$

で定義され，断面形状と回転軸となる座標軸で決まる量である。それゆえに $y$ 軸に関する曲げでは次の別の定義式になる。

$$I_{yy} = \int_A z^2 dydz \tag{2.7.28}$$

断面2次モーメントの具体的な表示式は，通常の設計業務においては長方形断面と円形断面について知っておけば十分であることが多いので，これを**表2.7.1** に示す。

なお，梁の断面形状は一様であれば任意でも構わない。断面に $x$–$z$ 面に関する対称性がない場合には，$y$ 軸周りのモーメントに対して $z$ 方向だけでなく $y$ 方向にもたわみが生じるようになるが，断面を $x$ 軸周りに回転させていくと，

$$I_{yz} = \int_A yzdydz \tag{2.7.29}$$

となる状態が必ず存在し，その時の横方向を $y$ 軸に取れば，$z$ 方向のたわみだ

**表2.7.1 代表的な形状の断面2次モーメント**

| | 長方形断面 | 円形断面 |
|---|---|---|
| 形状 | $z$, $h$, $y$, $b$ | $z$, $\phi d$, $y$ |
| 断面2次モーメント | $I_{yy} = \dfrac{bh^3}{12}$<br>$I_{zz} = \dfrac{b^3 h}{12}$ | $I_{yy} = I_{zz} = \dfrac{\pi d^4}{64}$ |

## 第2章 材料力学の基礎

けになる。この状態での $y$, $z$ 各軸を断面の主軸と呼んでいる。主軸方向の見つけ方は，後に示す主応力方向の場合と同様で，

$$\tan 2\theta = \frac{2I_{yz}}{I_y - I_z} \tag{2.7.30}$$

から求めることができる。断面の主軸に関する断面2次モーメントを主断面2次モーメントと呼んでいる。

### (5) 一軸応力状態～軸のねじり

棒であってもねじりトルクを受けて変形する場合には軸と呼ばれている。ここで扱うねじりの状態は，サン・ブナンのねじりと呼ばれているもので，発生する変形状態はせん断変形である（図2.7.3 (a)）。軸の断面はねじりを受けると一般には軸方向にゆがみを発生するが，サン・ブナンのねじりではそのゆがみを規制する軸方向の拘束がない場合を扱う。このため一端でも固定された軸は適用対象外である。ただし，断面が中実円または中空円の場合には上記のゆがみが生じないので，拘束されていても適用対象である。

サン・ブナンのねじりで加わる第4の追加式は以下のとおりである。

・すべての垂直応力が0（結果としてフックの法則から垂直ひずみが0）

$$\begin{aligned} &\sigma_x = \sigma_y = \sigma_z = 0 \\ \Leftrightarrow\ &\varepsilon_x = \varepsilon_y = \varepsilon_z = 0 \end{aligned} \tag{2.7.31}$$

・軸に垂直な断面（$y$–$z$ 平面）は軸周りに回転するだけなので，変形前の半径上の点は変形後に移動はするもののやはり同一半径上にあるため，断面内せん

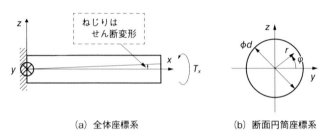

図 2.7.3 軸のねじりの座標系

## 2.7　材料力学の基礎式

断ひずみは 0。

$$\gamma_{yz}=0 \Leftrightarrow \tau_{yz}=0 \tag{2.7.32}$$

・ねじりのせん断応力は $\tau_{xy}$, $\tau_{xz}$ はねじりトルク $T_x$ によって発生。

$$T_x = \int_A (y\tau_{xz} - z\tau_{xy})dA \tag{2.7.33}$$

このトルクによって $x$ 軸周りのねじり角 $\theta$（$=\theta_{yz}$）が発生する。

以上が第 4 の追加式であるが，これらを基礎方程式に代入しつつ，原点 $x=y=z=0$ において

$$u_y = u_z = \theta = 0 \tag{2.7.34}$$

となるように，また $\theta$ は結果的に $x$ に比例するのでその比例定数（比ねじり角と呼ばれる）を $\theta'$ と表し，$u_y$ と $u_z$ の形を探っていくと，次の式にたどり着く。

$$\begin{aligned} u_y &= c_1 x - \theta' xz \\ u_z &= c_2 x + \theta' xy \\ \theta &= \theta' x \end{aligned} \tag{2.7.35}$$

　　（$c_1$，$c_2$ は定数）

ここで問題の複雑化を避けるために，断面形状を円（または中空円）に絞って検討を続けよう。円形断面の場合には，図 2.7.3（b）に示すように円筒座標系に従って，断面の半径方向変位 $u_r$ と周方向変位 $u_\varphi$ で考える方が見通しがよい。

そこで直角座標系から円筒座標系への変換

$$\begin{aligned} u_r &= u_y \cos\varphi + u_z \sin\varphi \\ u_\theta &= -u_y \sin\varphi + u_z \cos\varphi \end{aligned} \tag{2.7.36}$$

を施し，また，

$$y = r\cos\varphi, \quad z = r\sin\varphi \tag{2.7.37}$$

の関係を代入して，発生変位が周方向には変化せず $\varphi$ に関する項はすべて消えることを考慮すれば，

$$c_1 = c_2 = 0 \tag{2.7.38}$$

## 第2章 材料力学の基礎

$$u_r = 0$$
$$u_\theta = \bar{\theta}xr \qquad (2.7.39)$$

となり，式(2.7.33)に戻って係数の値を代入すると，

$$u_y = -\bar{\theta}xz$$
$$u_z = \bar{\theta}xy \qquad (2.7.40)$$

が得られる。さらに $x$ 軸方向変位についても

$$u_x = 0 \qquad (2.7.41)$$

となることがわかる。

せん断ひずみは，円筒座標系では

$$\gamma_{x\varphi} = \frac{\partial u_\varphi}{\partial x} + \frac{\partial u_x}{r\partial \varphi} = \bar{\theta}r \qquad (2.7.42)$$

となる。

トルクは式(2.7.31)より

$$T_x = \int_A (y\tau_{xz} - z\tau_{xy})dA = G\theta\int_A (x^2 + y^2)dA = GI_p\theta \qquad (2.7.43)$$

なお $I_p$ は断面2次極モーメントと呼ばれ，

$$I_p = \int_A (y^2 + z^2)dydz = I_{zz} + I_{yy} \qquad (2.7.44)$$

で定義され，断面形状で決まる量である。ただし式(2.7.44)が成り立つのは，円形断面の場合だけである。

なお，円形以外の断面形状の場合には極めて難しくなるので，文献3) などの専門書に譲り，本書では省略する。

### (6) 一軸応力状態〜棒の引張圧縮

第4の追加式は以下のとおりである。

・応力成分は $\sigma_x$ しか発生しない。

$$\sigma_y = \sigma_z = 0$$
$$\tau_{xy} = \tau_{yz} = \tau_{zx} = 0 \qquad (2.7.45)$$

## 2.7 材料力学の基礎式

・$\sigma_x$ は $x$ 軸に垂直な断面内で均一分布する。

$$\frac{\partial \sigma_x}{\partial y} = \frac{\partial \sigma_x}{\partial z} = 0 \tag{2.7.46}$$

・$\sigma_x$ は引張力 $F_x$ によって発生。

$$F_x = \int_A \sigma_x dA \tag{2.7.47}$$

第 2 章 材料力学の基礎

## 2.8 基本的な問題の変位

　基本的な問題の方程式がわかった今，ふたたび図 2.5.6 に戻って今度は変位の計算式を導いてみよう。梁と板のたわみ以外の問題での変位は，第 4 の追加式を考慮した後の
　①応力の釣合方程式に替えて応力の定義式，
　②フックの法則
　③ひずみの定義式
の 3 つの基礎式において，③を②に，さらに①に代入することによって得られる。

　ひずみの定義式をフックの法則に代入し，さらに応力の定義式に代入することによって得られる。

### 2.8.1 棒の引張り・圧縮（図 2.5.6 (a)）

①応力の定義式

$$\sigma_x = \frac{F_x}{A} \tag{2.8.1}$$

②フックの法則

$$\varepsilon_x = \frac{\sigma_x}{E}, \quad \left( \varepsilon_y = \varepsilon_z = -v\frac{\sigma_x}{E} \right) \tag{2.8.2}$$

③ひずみの定義式

$$\varepsilon_x = \frac{du_x}{dx} = \frac{u_x}{x} \tag{2.8.3}$$

①〜③から固定端から $x$ の位置での変位 $u_x$ は，

## 2.8 基本的な問題の変位

$$u_x = \frac{F_x x}{EA} \tag{2.8.4}$$

右端 $x=l$ での伸びは,

$$u_{x=l} = \frac{F_x l}{EA} \tag{2.8.5}$$

となる。

### 2.8.2 梁（＝片持ち梁）の曲げ

梁の場合には，たわみの方程式

$$\frac{d^2 u_y}{dx^2} = \frac{M_y}{EI} \tag{2.8.6}$$

に両端のたわみとたわみ角を考慮することにより，直接求めることができる。

#### (1) 曲げモーメント $M_y$ が作用した場合（図2.5.6 (b)）

曲げモーメントの場合，$M_y$ は定数なのでたわみの方程式を $x$ で積分すれば,

$$\frac{du_y}{dx} = \frac{M_y}{EI} x + c_1 \tag{2.8.7}$$

左端 $x=0$ で $du_y/dx=0$ だから,

$$c_1 = 0 \tag{2.8.8}$$

引き続き積分すると,

$$u_y = \frac{M_y}{2EI} x^2 + c_2 \tag{2.8.9}$$

左端 $x=0$ で $u_y=0$ だから,

$$c_2 = 0 \tag{2.8.10}$$

したがって，左端から $x$ の位置でのたわみは,

$$u_y = \frac{M_y}{2EI} x^2 \tag{2.8.11}$$

右端 $x=l$ での $w$ たわみは,

# 第2章 材料力学の基礎

$$u_y = \frac{M_y l^2}{2EI} \tag{2.8.12}$$

となる。

(2) せん断力 $F_y$ が作用した場合（図 2.5.6（c））の曲げモーメント $M_y$ によるたわみ

せん断力 $F_y$ とモーメント $M_y$ の関係は

$$M_y = F_y(l-x) \tag{2.8.13}$$

であるので，たわみ方程式に代入して積分すると，

$$\frac{du_y}{dx} = -\frac{F_y(l-x)^2}{2EI} + c_1 \tag{2.8.14}$$

左端 $x=0$ で $du_y/dx=0$ だから，

$$c_1 = \frac{F_y l^2}{2EI} \tag{2.8.15}$$

引き続き積分すると，

$$u_y = \frac{F_y(l-x)^3}{6EI} + \frac{F_y l^2}{2EI}x + c_2 \tag{2.8.16}$$

左端 $x=0$ で $u_y=0$ だから，

$$c_2 = -\frac{F_y l^3}{6EI} \tag{2.8.17}$$

したがって，左端から $x$ の位置でのたわみは，

$$u_y = \frac{F_y}{6EI}(3xl^2 - x^3) \tag{2.8.18}$$

右端 $x=l$ での $w$ たわみは，

$$u_y = \frac{F_y l^3}{3EI} \tag{2.8.19}$$

となる。

## 2.8 基本的な問題の変位

**(3) せん断力が作用した場合（図 2.5.6（d））のせん断変形による $y$ 方向変位**

①応力の定義式

$$\tau_{xy} = \frac{F_y}{A} \qquad (2.8.20)$$

②フックの法則

$$\gamma_{xy} = \frac{\tau_{xy}}{G} \qquad (2.8.21)$$

③ひずみの定義式

図 2.5.6（d）のように変形する場合には，$u_x=0$ であるので，

$$\gamma_{xy} = \frac{\partial u_y}{\partial x} \qquad (2.8.22)$$

①～③から固定端から $x$ の位置での変位 $u_y$ は，

$$u_y = \frac{F_y x}{GA} \qquad (2.8.23)$$

右端 $x=l$ での $y$ 方向変位は，

$$u_{x=l} = \frac{F_y l}{GA} \qquad (2.8.24)$$

となる。

### 2.8.3　断面円形（または中空円形）の軸のねじり（図 2.5.6（e））

①応力の定義式

$$\tau_{x\varphi} = \frac{T_x}{I_P} r \qquad (2.8.25)$$

②フックの法則

$$\gamma_{x\varphi} = \frac{\tau_{x\varphi}}{G} \qquad (2.8.26)$$

③ひずみの定義式

$$\gamma_{x\varphi} = \theta r \qquad (2.8.27)$$

## 第2章　材料力学の基礎

①～③から

$$\bar{\theta} = \frac{T_x}{GI_P} \tag{2.8.28}$$

## 2.9 熱応力・熱変形

### 2.9.1 熱膨張と発生ひずみ

熱膨張は，フックの法則(2.7.7)に式(2.7.8)を代入すれば考慮することができる。

図 2.9.1 の棒が温度上昇 $\Delta T$ を受けた時の基礎方程式は次のようになる。

①応力の定義式

$$\sigma_x = \frac{F_x}{A} \tag{2.9.1}$$

②フックの法則

$$\varepsilon_x - \alpha \Delta T = \frac{\sigma_x}{E} \tag{2.9.2}$$

③ひずみの定義式

$$\varepsilon_x = \frac{du_x}{dx} = \frac{u_x}{x} \tag{2.9.3}$$

### (1) 固定端以外に拘束も外力もない時

①で $F_x = 0$ と置けば

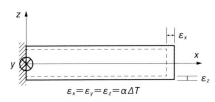

図 2.9.1　温度上昇を受けて自由膨張する棒
（温度上昇値$\Delta T$，線膨張係数 $\alpha$）

# 第2章 材料力学の基礎

$$\sigma_x = 0 \tag{2.9.4}$$

である。②からはひずみ $\varepsilon_x$ が発生する。

$$\varepsilon_x = \alpha \Delta T \tag{2.9.5}$$

このひずみによる固定端から $x$ の位置での変位 $u_x$ は,

$$u_x = \alpha \Delta T x \tag{2.9.6}$$

右端 $x = l$ での伸びは,

$$u_x = \alpha \Delta T l \tag{2.9.7}$$

となる。

また, $y$, $z$ 各方向にも同じ大きさのひずみが発生する。このひずみによる棒の直径 $d$ に対する直径の増加 $\Delta d$ は,

$$\Delta d = \alpha \Delta T d \tag{2.9.8}$$

となる。

この問題は熱膨張を妨げる拘束がないので応力が発生しない。実際には左端を固定すると,その部位では応力が発生するが,サン・ブナンの原理により,全体に影響が及ぶものではない。

## (2) 両端が固定された場合

①②から $\sigma_x$ を消去すれば,

$$F = AE(\varepsilon_x - \alpha \Delta T) \tag{2.9.9}$$

熱膨張により $\varepsilon_x = 0$ となっている。このため右端には反力と応力が発生し,その値は下記のようになる。

$$\begin{aligned} F_x &= -\alpha A E \Delta T \\ \sigma_x &= -\alpha E \Delta T \end{aligned} \tag{2.9.10}$$

この時発生する横ひずみは,

　　自由膨張分 $+\sigma_x$ による膨張

となるので,

$$\varepsilon_y = \varepsilon_z = \alpha \Delta T + \nu \frac{\sigma_x}{E} = (1+\nu)\alpha \Delta T \tag{2.9.11}$$

## 2.9 熱応力・熱変形

である。

### (3) 周囲がすべて固定された場合

すべての方向に同じひずみが発生しようとするが，それらが0に押さえ込まれることから，フックの法則より，

$$-\alpha E \Delta T = (1-2\nu)\sigma_x \quad (2.9.12)$$

を経由して次式を得る。

$$\sigma_x = -\frac{\alpha E \Delta T}{1-2\nu} \quad (2.9.13)$$

通常の材料で$\nu=0.3$付近であるので，この値を代入すると，

$$\sigma_x = -2.5\alpha E \Delta T \quad (2.9.14)$$

となり，両端固定された場合の熱応力よりも2.5倍ほど大きくなる。要するに熱膨張は拘束すればするほど大きくなるので要注意である。

# 第2章 材料力学の基礎

## 2.10 重力・遠心力を受ける棒

### 2.10.1 重力を受ける棒

図 2.10.1 (a) のように $x$ 方向に重力を受ける棒がある。この棒に発生する応力と変位は，応力の釣合方程式

$$\frac{\partial \sigma_x}{\partial x} + f_x = 0 \tag{2.10.1}$$

において体積力項を

$$f_x = -\rho g \tag{2.10.2}$$

と置けば，

$$\frac{\partial \sigma_x}{\partial x} = \rho g \tag{2.10.3}$$

となる。これから

$$\sigma_x = \rho g x \tag{2.10.4}$$

これにフックの法則とひずみの定義式を適用して，

$$\varepsilon_x = \frac{du_x}{dx} = \frac{\rho g x}{E} \tag{2.10.5}$$

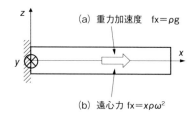

図 2.10.1　$x$ 方向に重力・遠心力を受ける棒に作用する体積力

左端で変位が0になることを考慮して,

$$u_x = \frac{\rho g x^2}{2E} \qquad (2.10.6)$$

となる。

### 2.10.2 遠心力を受ける棒

図2.10.1 (b) は $y$ 軸を中心として角速度 $\omega$ で回転しているような棒の場合には，遠心力 $f_x$ が

$$f_x = x\rho\omega^2 \qquad (2.10.7)$$

となるので，重力の場合と同様にして以下の式を得る。

$$\sigma_x = \frac{1}{2}x^2\rho\omega^2 \qquad (2.10.8)$$

$$\varepsilon_x = \frac{du_x}{dx} = \frac{x^2\rho\omega^2}{2E} \qquad (2.10.9)$$

$$u_x = \frac{\rho\omega^2 x^3}{6E} \qquad (2.10.10)$$

**参考文献**

1）JISハンドブック①　鉄鋼Ⅰ，2012，日本規格協会
2）JISハンドブック㉖　プラスチックⅠ，2012，日本規格協会
3）村上敬宜：「弾性力学」，養賢堂

# 第3章

# 応力集中部の応力の把握

# 第3章 応力集中部の応力の把握

## 3.1 主応力と相当応力

### 3.1.1 主応力

　我々の住んでいる世界は3次元なので応力の発生状態も三軸応力状態となって6個の応力成分を相手にしなければならず，扱いに困ってしまう。しかし，注目している位置の応力を見るとき，座標系の方向を上手に選ぶとせん断応力成分がすべて0となる方向が必ず見つかり，その向きでは垂直応力成分3個が現れるだけなので，かなり見通しがよくなる。このように垂直応力だけが現れるような状態での応力を主応力と呼び，その方向を主応力方向と呼んでいる。

#### (1) 2次元の主応力

　主応力を求める過程をまず二軸応力状態の場合について説明しよう。この場合発生する応力成分は $\sigma_x$，$\sigma_y$，$\tau_{xy}$ である。この応力に対して座標系を $z$ 軸周りに角度 $\theta$ だけ回転した時（図 3.1.1）の座標系を $x'$-$y'$，そこでの応力成分を $\sigma'_x$，$\sigma'_y$，$\tau'_{xy}$ とすれば，

$$\sigma_x' = \sigma_x \cos^2\theta + \sigma_y \sin^2\theta + \tau_{xy}\sin 2\theta$$

$$\sigma_y' = \sigma_x \sin^2\theta + \sigma_y \cos^2\theta - \tau_{xy}\sin 2\theta$$

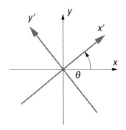

図 3.1.1　座標系の回転

## 3.1 主応力と相当応力

$$\tau_{xy}' = \frac{\sigma_y - \sigma_x}{2}\sin 2\theta + \tau_{xy}\cos 2\theta \tag{3.1.1}$$

という関係が成り立つ。ここで

$$\tau_{xy}' = 0 \tag{3.1.2}$$

となるような角度 $\theta$ を求めてみると，

$$\tan 2\theta = \frac{2\tau_{xy}}{\sigma_x - \sigma_y} \tag{3.1.3}$$

となって，この方向に向いた座標系で現れる応力値は，$\sigma_x$, $\sigma_y$ の垂直応力 2 成分だけとなる。ここで，$\sigma_x$, $\sigma_y$ のうち値の大きい方を $\sigma_{\max}$，小さい方を $\sigma_{\min}$ と書けば，

$$\sigma_{\max} = \frac{\sigma_x + \sigma_y}{2} + \sqrt{\left(\frac{\sigma_x - \sigma_y}{2}\right)^2 + \tau_{xy}^2}$$

$$\sigma_{\min} = \frac{\sigma_x + \sigma_y}{2} - \sqrt{\left(\frac{\sigma_x - \sigma_y}{2}\right)^2 + \tau_{xy}^2} \tag{3.1.4}$$

となる $\sigma_{\max}$ の $x$ 軸からの角度 $\theta$ （主応力方向の角度）は，

$$\tan\theta = \frac{\sigma_{\max} - \sigma_x}{\tau_{xy}} \tag{3.1.5}$$

となる。この $\theta$ は，式(3.1.3)の $\theta$ と一致する。

この主応力を用いれば，3 個の応力成分を 2 個に減らすことができる。

### (2) 3 次元の主応力

三軸応力状態であっても，座標系を回転させると，せん断応力成分 3 個をすべて 0 とするような方向が存在する。2 次元の場合に比べて極めて複雑なプロセスになるが，結果は次式のような固有値問題の解となる。これは $\sigma_i$ についての 3 次方程式なので 3 個の解が求まる。

$$\begin{vmatrix} \sigma_x - \sigma_i & \tau_{xy} & \tau_{xz} \\ \tau_{yx} & \sigma_y - \sigma_i & \tau_{yz} \\ \tau_{zx} & \tau_{zy} & \sigma_z - \sigma_i \end{vmatrix} = 0 \tag{3.1.6}$$

第 3 章　応力集中部の応力の把握

各解が表す垂直応力の $x$ 軸に対する方向ベクトルを $(l_{i,x}, l_{i,y}, l_{i,z})$ とすれば，これらの値は次の式から求まる。

$$\begin{pmatrix} \sigma_x & \tau_{xy} & \tau_{xz} \\ \tau_{yx} & \sigma_y & \tau_{yz} \\ \tau_{zx} & \tau_{zy} & \sigma_z \end{pmatrix} \begin{Bmatrix} l_{i,x} \\ l_{i,y} \\ l_{i,z} \end{Bmatrix} = \sigma_i \begin{Bmatrix} l_{i,x} \\ l_{i,y} \\ l_{i,z} \end{Bmatrix} \qquad (3.1.7)$$

三軸の応力状態のときも，主応力を用いれば，6 個の応力成分を 3 個に減らすことができる。

### (3) 主応力の物理的な意味

引張りの応力が原因でクラックが入るような弾性破壊現象（高サイクル疲労や脆性破壊）では，クラックが入る方向は最大主応力方向に対して垂直という性質がある。逆に圧縮でクラックが入る場合には，せん断応力が最大となる面ですべりが生じて入るという性質がある。

## 3.1.2　相当応力

主応力を用いれば，応力成分の個数が 2 次元では 2 個，3 次元では 3 個になるとは言っても，まだ複数個の応力が残っている。そこでいっそのこと一軸応力状態に換算したらどのような応力に相当するのか，と考え出されたのが相当応力である。

相当応力には 2 種類があり，生まれた年代順に"トレスカの相当応力"と"フォン・ミーゼスの相当応力"である。

### (1) トレスカの相当応力

トレスカの相当応力は 19 世紀半ばに発表されたもので，三軸応力状態を 1 個のせん断力 $\tau_{eq}$ に置き換えてくれるものである。$\tau_{eq}$ の定義式は，三軸応力状態での主応力の最大値と最小値をそれぞれ $\sigma_{\max}$，$\sigma_{\min}$ とすると，

$$\tau_{eq} = \sigma_{\max} - \sigma_{\min} \qquad (3.1.8)$$

で定義される。見かけは簡単なのだが，3 次元の主応力を計算する必要がある

ために，実際にはかなりの困難を伴う。

　トレスカの相当応力は，単結晶や土砂のすべり開始の時点を判断するのに使われるが，機械の世界ではせん断支配型での破壊現象が少数派であるために，適用しにくいのが難点である。

## (2) フォン・ミーゼスの相当応力

　フォン・ミーゼスの相当応力は20世紀半ばに発表され，三軸応力状態を1個の引張応力 $\sigma_{eq}$ に置き換えてくれるものである。その定義式は見かけは少々複雑ではあるが，電卓で簡単に計算できるものである。

$$\sigma_{eq} = \sqrt{\frac{1}{2}\{(\sigma_x-\sigma_y)^2+(\sigma_y-\sigma_z)^2+(\sigma_z-\sigma_x)^2+6(\tau_{xy}^2+\tau_{yz}^2+\tau_{zx}^2)\}} \quad (3.1.9)$$

　フォン・ミーゼスの相当応力は，垂直応力に換算してくれること，また機械構造に使用される一般の材料の降伏現象を捉えることができるので，機械設計分野では広く利用されている。

　この応力の名前は長いため，ミーゼス応力など短縮形で呼ばれることが多い。また機械系の分野では単に相当応力と言えば，こちらを指すようになってきていて，本書でも以下特に断らない限りこれに従うこととする。

### 3.1.3　2種類の相当応力の共通点

　2種類の相当応力には，共通点が次のように2つある。

### (1) 値が負にならない

　このことは相当応力の欠点である。6種類の応力値を1つの値に換算してくれるので，非常に便利な指標ではある。しかし，引張りと圧縮のように荷重方向が逆転すると挙動が異なってくるような材料も多く，その場合には発生している応力の符号が重要な指標となるのだが，相当応力だけを見るのではその符号はわからない。

### (2) 静水圧（σx＝σy＝σz，せん断応力はすべて0）状態では，値は0

かつて金属球にひずみゲージを張って深海に沈めるという実験が行われ，降伏が発生してもよいような大きな圧力が作用している深さに達しているにもかかわらず，金属球は降伏しなかったことから，正圧に対しては適切であることが確認されている。

一方，負圧に対しては，せいぜいマイナス1気圧の状態しか確認できないため，正しいかどうかは不明である。しかし，機械設計では長らく負圧状態に対しても相当応力が適用されているが，そのための事故は発生していないため，経験的・間接的確認がなされていると考えてよい。

ただし，プラスチックなどのように，一般の材料では引張りに弱く圧縮に強いというものが多数派であるため，過信は禁物である。

## 3.1.4 主応力と相当応力の使い分け

相当応力は降伏点を教えてくれることから，CAE解析結果から強度的に最も弱そうな位置を見つけるには，相当応力の分布図1枚があればよい。しかし符号がないために引張りと圧縮の状態がわからず，そのために主応力の力を借りざるを得ない。

逆に主応力の分布図から強度の最弱位置を見つけようとすると，最大主応力図と最小主応力図の2枚を見比べなければならず，複雑な構造では困難を極めることになる。

そこで，一般的な使い分けとしては，CAE解析結果でまず相当応力の分布図を見，最弱部を見つけておいて，そこの応力状態は主応力で判断するという方法が取られている。

なお，本書で扱っている弾性破壊の強度評価では，最終的には主応力の値を採用することになる。

ただし，2次元平面応力問題の場合，角点のないなめらかな自由表面では，発生する応力が接線方向の垂直応力成分1個だけなので，主応力と相当応力は絶対値が等しくなる。

## 3.2 力の流線

### 3.2.1 流線とは？

　水路を水が流れる様子をイメージしてみよう。ただし水が渦を巻いたり波打ったりするような乱流状態ではなく，水路内を静かに一方向に流れる層流状態である。この時，流体力学を専門に学んだ人よりも，あまり流体力学に詳しくない人が思い浮かべる素人的イメージの方がよい。

　この時，水路が図 3.2.1 (a) のような真っすぐな長方形状の水路なら，水の分子は直線平行に流れる。同図 (b) のように流れる方向に向かって狭まる水路なら，水の分子は直線に流れるもののその速度は次第に速くなる。もし水路

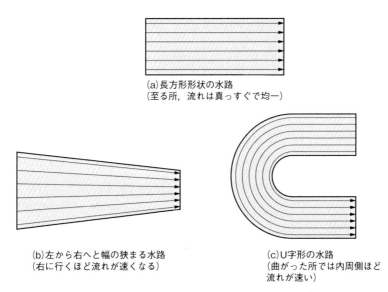

(a)長方形形状の水路
(至る所，流れは真っすぐで均一)

(b)左から右へと幅の狭まる水路
(右に行くほど流れが速くなる)

(c)U字形の水路
(曲がった所では内周側ほど流れが速い)

図 3.2.1　単純な形状の水路と流れのイメージ

## 第3章 応力集中部の応力の把握

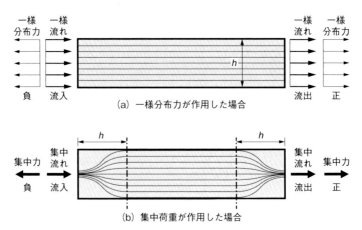

図 3.2.2 長方形板の引張りの問題に対応する流線

表 3.2.1 流線と応力の高低との対応

| ①流線が平行な所は，流れの方向に向かって応力は変化しない。<br>（平行には，同心円状のような場合も含む） |
|---|
| ②流線が密となる位置では，応力は高くなる。<br>（このことは，応力の定義式で分母の断面積が小さくなることと同じ意味である。<br>逆に流線が疎となる位置では，応力は低くなる） |
| ③流線が曲がる位置では，その前後よりも応力は高くなる。 |

が真っすぐでなく，同図（c）のようにU字形をしていれば，水の分子は水路形状の曲がったところで形状に沿って曲がり，その速度は内周側では速く，外周側では遅くなる。この時の水の分子を追った軌跡は流線と呼ばれている。

力の伝達する様子は，水の流れとよく似ていて，応力が高くなったり低くなったりする様子も，この流線をイメージすることによって大体把握できるのである。**図 3.2.2**（a）は長方形板の集中荷重による引張りの例題である。これに対応する流体の問題の流線のイメージは図 3.2.2（b）のようになる。流れは力のマイナス側から流入し，プラス側から流出すると考えられる。これから応力の高低を知る方法は**表 3.2.1** のとおりである。

## 3.2 力の流線

### 3.2.2 流線の考え方の理論的背景

なぜこのようなことが言えるのか。それは流体の分野と材料力学の分野を微分方程式で書き表してみると、両者が同じ形に書けることから言えるのである。

**(1) 2次元応力状態を表現する方程式～エアリー（Airy）の応力関数[1]**

2次元弾性の世界では、応力成分は $\sigma_x$, $\sigma_y$, $\tau_{xy}$ の3成分が現れるが、これらを2階微分として与える1つの関数 $\varPsi$ が存在し、Airy の応力関数（以下、応力関数）と呼ばれている。

応力関数 $\varPsi$ 自身は次の関係を満足する重調和関数である。

$$\nabla^4 \varPsi = \left( \frac{\partial^2}{\partial x^2} + \frac{\partial^2}{\partial y^2} \right)^2 \varPsi = 0 \tag{3.2.1}$$

この $\varPsi$ は、境界上で次の条件（境界条件）を満たさなければならない。

$$\varPsi = C_1, \ \frac{\partial \varPsi}{\partial n} = 0 \ (\text{図 3.2.3 参照}) \tag{3.2.2}$$

関数 $\varPsi$ は対象の形状・荷重・拘束によって形が異なるが、これが求まると次のような諸量を導くことができる。

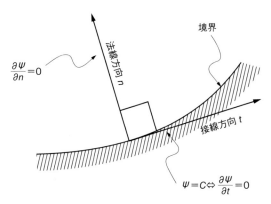

図 3.2.3　関数 $\varPsi$ の境界条件

第3章　応力集中部の応力の把握

$$p_x = \frac{\partial \Psi}{\partial y}, \quad p_y = -\frac{\partial \Psi}{\partial x} \tag{3.2.3}$$

$$\sigma_x = \frac{\partial^2 \Psi}{\partial y^2}, \quad \sigma_y = \frac{\partial^2 \Psi}{\partial x^2}, \quad \tau_{xy} = -\frac{\partial^2 \Psi}{\partial x \partial y} \tag{3.2.4}$$

ここに $p_x$, $p_y$ は単位厚さ当たりの合力であり，ある微小面に発生している応力の総和を意味している。合力が大きくなれば，発生応力も当然大きくなる。応力関数 $\Psi$ が一定となる曲線は，次に説明する流体の世界での流線と同じ意味を持つため，著者はこれを"力の流線"と呼んでいる。

CAE が利用できなかったその昔は，この応力関数と数値解析技術を駆使していろいろな問題が解かれていたものであるが，扱える形状・境界条件にはかなりの制約があった。

### (2) 2次元の流れの状態を表現する方程式～非圧縮性粘性流体の関数[2]

非圧縮性粘性流体と言うと難しく聞こえるが，水を思い起こせばよい。水の分子の流れを追跡すると流線になるが，この流線の集合を表す関数を $\Psi$（以下，流れの関数）と書くと，これもまた式(3.2.1)を満足する重調和関数となることが知られている。そして課される境界条件は，

$$\frac{\partial \Psi}{\partial t} = 0, \quad \frac{\partial \Psi}{\partial n} = 0 \quad \text{（図 3.2.3 参照）} \tag{3.2.5}$$

で与えられる。この第1式は見かけは式(3.2.2)の第1式と異なるが，実質は同じことを意味している。そして $\Psi$ から導かれる式(3.2.3)の $p_x$, $p_y$ は，流れの世界では流速に対応する。

### 3.2.3　2次元応力状態と水の流れの類似

応力関数と流れの関数が同じ形・同じ境界条件で表されることから，両者の微分が表す量には対応関係があり，それらをまとめて**図 3.2.4** に示す。

同図と表 3.2.1 を対比して見てみよう。まず合力と流速が対応することから，また流速は流線の微分であって流線の密度に対応することから②の結論が導け

## 3.2 力の流線

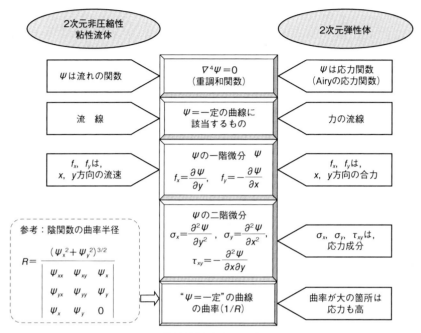

図 3.2.4 2次元非圧縮性粘性流体と2次元弾性体の対応関係

る。流れの世界には式(3.2.4)に対応するような固有の名前を持つ量は存在しないが，少々複雑な計算を経由すれば，境界表面の主応力の増減が力の流線の曲率の増減と対応することがわかり，③の現象はこのことから結論できる。

### 3.2.4 力の流線の応用

流線の対応関係から，サン・ブナンの原理が説明できる。例えば，図 3.2.5 (a) (b) のように，同じ形状であるが荷重の分布が異なる場合，端部から板幅ほど離れた中央部付近ではその相違はなくなっている。

要は，このような場合，簡単に言ってしまえば，分布荷重か集中荷重の区別ができないほどの離れた位置では，状態は変わらないということが言える。

梁の理論では，集中荷重という表現をするが，実際にはその断面に作用する分布力の合力を意味している。そしてその分布形態は議論しないのが普通であ

第3章 応力集中部の応力の把握

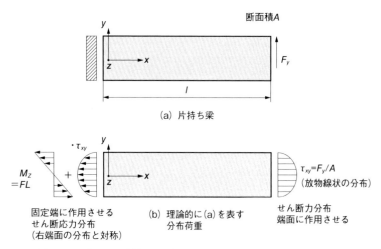

図3.2.5 梁が理論値と一致するために作用させる分布荷重の例

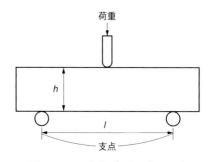

図3.2.6 3点曲げの梁（$l/h \geq 4$）

る。梁の理論が表現する荷重分布と拘束は図3.2.5のような状態であるが，梁の通常の使用状態ではこのようにはならないことが多い。要は，梁の理論で扱おうとすると，この理想的な状態から離れれば離れるほど誤差が大きくなるのであり，その誤差が無視できる範囲というものを把握しておかなければならないのである。

通常の梁ではこれは分布形態が影響しないようなサイズにしか適用できないことが前提となっている。誤差5％を許すとして，このことから本当に表面に集中荷重を作用させる場合には，そこから高さ分離れた形状でなければ適用で

## 3.2 力の流線

きない。

図 3.2.6 に示すのは 3 点曲げの梁であるが，これを梁として扱えるのは，支点間距離が高さの 4 倍以上とされている。

以上の流線を用いた考え方は，厳密には 2 次元軸応力状態の場合だけにしか当てはまらないのだが，近似的には 3 次元の応力状態を定性的に捉えたい場合にも適用できるものである。

第3章　応力集中部の応力の把握

# 3.3 応力集中

### 3.3.1 応力集中の発生原因別分類

　部材に発生する応力が周囲よりも高い値を示す現象が応力集中である。応力集中がどのような所で発生するかを見抜くことは非常に簡単である。以下，話を簡単にするために，形状は2次元を主体として扱うことにするが，話の全体は3次元にも拡張できるものである。

　応力集中を発生原因別に分類してみると，2種類に分類できる。1つは穴や切欠きなど，力の流線を曲げる形状があるために発生するものであり，この部類には応力集中係数という量が定義できる。他の1つは，スポット溶接などの断面積が小さい部分がある場合で，そこで流線が密集することによって発生するものである。言い換えると，断面積が小さくなるので同じ力に対する応力は大きくなるのが当たり前である。この部類には応力集中という現象は存在しても，応力集中係数という量は対応しない。著者は前者を"第一種の応力集中"，後者を"第二種の応力集中"と呼んで分類している。

　表3.3.1および図3.3.1～図3.3.6にはいろいろな応力集中発生源をまとめて掲載してあるので，これから順に説明していこう。

(1) 第一種の応力集中

　第一種の応力集中の発生の仕組みは，部材の一部にその周囲とは異なる形状変化があるため，その位置で流線が曲げられることである。切欠きの典型的なイメージは，図3.3.1に示したように，円孔や円弧形状の切欠きを持つ長方形板の引張りの問題であり，切欠きの周辺では流線が曲げられて通常は切欠きによって断面積が最も小さくなる所で最大応力が発生するものである。以下本書

## 3.3 応力集中

**表 3.3.1 応力集中の分類**

| 種別 | 応力集中の発生の仕組み | 群 | 応力集中係数 $\alpha$ 切欠き係数 $\beta$ | 発生箇所の特徴 | 対応図 |
|---|---|---|---|---|---|
| 第一種 | 部材に穴や切欠きなどがあり，そこで流線が曲げられる<br><br>流線の曲率が対応 | A群 | $1 \leq \alpha \leq 4$ | 1種類の円弧で構成される形状 | 図 3.3.1 |
| | | B群 | $1 \leq \alpha < \infty$ | 形状が凹んだ所（A群を除く） | 図 3.3.2 |
| | | C群 | 基本は $\alpha = \infty$<br>$\beta = 3$ | 2種類の部材の接合面周囲 | 図 3.3.3 |
| | | D群 | $\alpha = \infty$<br>$\beta = 3$ | CAE解析で，辺・面の一部の領域や全部を固定した場合<br>辺・面の一部の領域に分布荷重を与えた場合の境界 | 図 3.3.4 |
| 第二種 | 力の作用面積が小さく，流線が密集する<br><br>流線の密度が対応 | E群 | $\alpha$ の概念はなし<br>$\beta = 3$ | 2種類の部材が締結やスポット溶接で結合される箇所 | 図 3.3.5 |
| | | F群 | $\alpha$ の概念はなし<br>発生応力は $\infty$<br>発生変位も $\infty$ | CAE解析で，荷重や拘束を点や線に与えた場合<br>2部材を点または線で結合 | 図 3.3.6 |

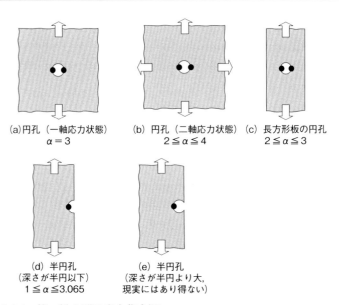

(a) 円孔（一軸応力状態）
$\alpha = 3$

(b) 円孔（二軸応力状態）
$2 \leq \alpha \leq 4$

(c) 長方形板の円孔
$2 \leq \alpha \leq 3$

(d) 半円孔
（深さが半円以下）
$1 \leq \alpha \leq 3.065$

(e) 半円孔
（深さが半円より大，現実にはあり得ない）

**図 3.3.1 第一種 A 群の応力集中源**
（1種類の半径値の円弧で構成される円弧切欠き。黒丸は最大応力発生位置。(b) では |縦方向の応力| > |横方向の応力| とする。）

## 第3章 応力集中部の応力の把握

では円孔などの穴も切欠きに含めることにする。また単に $\rho$ （ロー）と書いた場合には，切欠きの半径を指すものとする。

この第一種の応力集中源は，さらに4種類の群（A）〜（D）に分類できる。

### A群（単一円弧切欠き）

切欠き円孔の場合や，$\rho$ が1種類の単純な円弧切欠きがこれに属する。図 3.3.1（a）（b）は無限板内部に円孔が開いた形状であり，（a）は一軸，（b）は二軸の応力状態である。（c）は（a）が有限幅の長方形板になった場合である。また同図（d）（e）は半無限板の縁に円弧切欠きがある場合であるが，（e）は普通にはあり得ない形状なので以後は考慮しない。（c）（d）（e）の切欠きで二軸応力状態というものは普通には存在しないが，もし存在した場合には（b）と同様に扱えばよい。

A群の切欠きの特徴は，円弧半径 $\rho$ が変化しても最大応力は必ず有限値になることであり，B群以降のように $\infty$ になることはない。

読者の中には無限板という考え方が実用的でないと思うかも知れないが，$\rho$ に対して6倍以上の幅のものは事実上無限板とみなせるものである。また多孔板の場合も，隣り合う穴の中心間距離が大きい方の穴の $\rho$ の6倍以上あれば，それらの穴は無限板中の穴，言い換えれば孤立した穴と同じとみなせる。

### B群（一般の切欠き）

B群の切欠きは図 3.3.2 に示すようなもので，応力集中という視点から見た場合，いわゆる"切欠きらしい切欠き"である。俗な言葉で言えば"（A群を除く）凹んで尖った所"がすべてこの群に属し，最大応力は流線を最も曲げさせる切欠きの先端で発生する。ここで，B群の切欠きを個別に見てみよう。

図 3.3.2（a）はB群では最も典型的なU字形切欠きであり，（b）はV字形切欠きである。各図の右側は先端の $\rho$ が0になった場合の形状であり，境界は角点を持つようになる。

（c）は楕円孔であって，CAEのなかった昔は（b）に似た双曲線切欠きとともに，応力集中の解析に利用されていたものである。また近年は，プラスチック成形部品において意匠的観点からこれらの切欠き形状を採用することがある。

## 3.3 応力集中

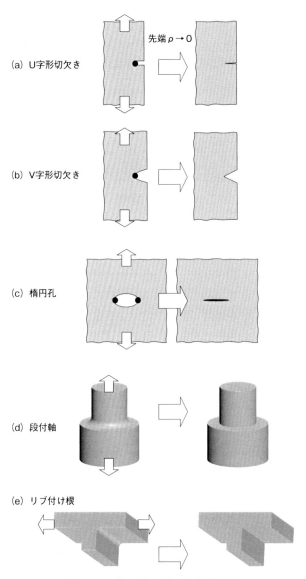

(a) U字形切欠き　先端 $\rho \to 0$

(b) V字形切欠き

(c) 楕円孔

(d) 段付軸

(e) リブ付け根

図 3.3.2　第一種 B 群の応力集中源

第 3 章　応力集中部の応力の把握

この他，実用的に重要なものとして，(d) の段付き軸，(e) のリブの付け根などがある。

B 群の応力集中源では，基本的に $\rho$ が大きくなると応力集中係数 $\alpha$ は 1 に近づき，0 に近づいて境界が角点を持つようになると無限大になる。

C 群（焼ばめ面・密着面端）

C 群は，図 3.3.3 (a) ～ (e) に示すように，2 種類の部材が密着接合している場合である。(a) ～ (d) のように，この接合する部材の大きさが異なると，小さい方が大きい方に密着している面の周囲が切欠き状態となり，いずれのケースも $\infty$ の応力が発生する。

(a) は焼ばめや圧入であり，接触面の軸材側端部が切欠きに相当する。(b)

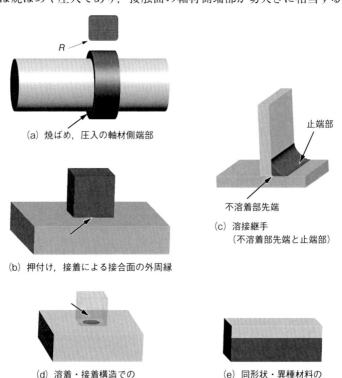

(a) 焼ばめ，圧入の軸材側端部

(b) 押付け，接着による接合面の外周縁

(c) 溶接継手
　　（不溶着部先端と止端部）

(d) 溶着・接着構造での
　　接合面の剥離面外周縁

(e) 同形状・異種材料の
　　接着面の外周縁

図 3.3.3　第一種 C 群の応力集中源

## 3.3 応力集中

は押付け，接着による接合面で，面の周囲の縁が切欠きに相当する。(a) (b) はいわゆる接触応力問題であり，端部での応力が ∞ になるのを避けるためにベアリングなどでは内径側両端に（ついでに外径側にも）$R$ を付けている。(c) は溶接継手であって，不溶着部があるとその先端ではクラック状になる。また止端部では後加工をしない場合には溶着金属の凹凸によって，高い応力集中が発生する。(d) は溶着・接着構造での接合面に剥離がある場合であって，剥離面がやはりクラック状になる。(e) は異種材料の接合の例であるが，この場合には同一形状であっても外力が作用すると周囲に応力集中が発生する。

C 群は 2 種類の部材が関与するが，これを同一材料でできた同じ外観の構造があると考えれば，B 群と同じ仕組みであることがわかる。(e) ではもし 2 種類の部材が同一材料であれば，応力集中は発生しない。C 群で発生する応力は (a) のように小さい方の部材端に $R$ を付けるなど，特別な配慮が施されない限り無限大である。

**D 群（CAE での拘束の端部）**

CAE 解析の際，図 3.3.4 に示すように面の一部の領域やまたは全部を固定するような拘束条件を与えることがあるが，このようにすると C 群の図 3.3.3 (b) で一方の部材が剛体である場合と同様の状態となる。したがって，その領域の端部での応力は無限大となる。

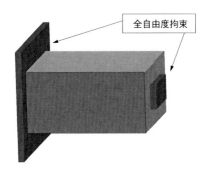

図 3.3.4 第一種 D 群の応力集中源
（CAE 解析の時に，辺・面の一部の領域または全部を全自由度拘束）

## 第3章 応力集中部の応力の把握

この拘束を線や点で与えると,後述するF群になり,応力集中の発生の仕組みも変わる。

### (2) 第二種の応力集中

第二種の応力集中の発生の仕組みは,力が作用する位置での作用面積が小さいことである。これを応力の定義式 $\sigma = P/A$ で見た場合,作用力 $P$ が同じでも $A$ が小さければ応力値は高くなるということである。この現象を流線的に見た場合には,応力関数 $\Psi$ の1階微分すなわち流線の密度が高くなることに対応する。

第二種の応力集中は,実際の構造物として存在する現象のE群と,CAE解析の際のモデル化によって発生する現象のF群に分かれる。

#### E群(締結部材,スポット溶接など)

構造物には,図3.3.5のようにボルトなどの締結部材やスポット溶接などにより2種類の部材が結合されている構造も多い。

このような結合部は応力集中に含めない捉え方もあるが,締結部材に発生している応力は一般に周囲の被締結部材に比べて高いのが普通であり,また被締結部材にとっても締結部に近づくにつれて応力が高くなるので,そこを応力集中源と捉えることができる。ただし,E群には応力集中係数という概念はない。

E群で締結部材の断面積を小さくしていくと,応力は無限大になり,また変位も無限大になる点が第二種の応力集中の特徴である。

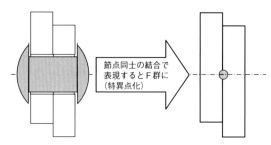

図3.3.5 第二種E群の応力集中源
(スポット溶接,ボルト締結など)

## 3.3 応力集中

F群（CAEでの点・線拘束，点荷重・線荷重）

図3.3.6はCAE解析の際に与えがちな荷重・拘束条件と結合条件を集めたものである。(a)は点荷重（集中荷重），点拘束，(b)は線荷重・線拘束である。これらには条件を与えられる側の面積が0という特徴があり，応力は無限大になるとともに，変位も無限大になる。

材料力学の初歩で梁や板を勉強すると集中荷重や点拘束というものに抵抗がなくなってしまうが，これらは梁や板での使われ方の場合のみ許されるのであって，CAE解析の際には基本的には使用してはならない。

また，締結部材のCAE解析を行う際に，(c)や(d)のようにこれらの締結を2部材の節点間を梁や剛体要素で結合して表現することがあるが，これら

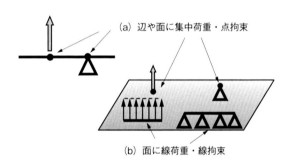

図3.3.6　第二種F群の応力集中源
（CAE解析の時に，
　辺・面に，集中荷重・点拘束を与える，
　面に，線荷重・線拘束を与える。
2部材を点・線結合する）

第3章　応力集中部の応力の把握

も点荷重・点拘束と同じこととなり，F群の応力集中源となる．

### 3.3.2　特異点（＝応力の値が∞の箇所）

　ここまでで見てきたとおり，応力集中部ではその周囲よりも高い応力が発生する．第一種A群では，$\rho$ を変化させても無限大にはならないが，B群では $\rho$ が小さくなるにつれて応力は高くなり，$\rho \to 0$ になって境界が角点を持つようになると，応力は ∞ になる．C群以降に至っては，発生応力は最初から ∞ である．さらに第二種の応力集中源の場合には，変位までもが無限大になるのが第一種と異なる点である．このように，応力や変位が ∞ になる位置のことを"特異点"と呼んでいる．

　ここで「応力が無限大になる」と書いたが，「無限大の応力など，あるものか!?」と抵抗する声をしばしば耳にする．実際，このような箇所の応力は，塑性域に入ってしまい，多分無限大になることはなく，有限の値を取ることであろう．しかし，その塑性域に入った応力値を苦労して求めてみたところで無駄である．皮肉にも，このような高応力集中部の応力値と対応する強度限界値は存在しないため，応力値や強度限界値に何らかの仮定を置く必要があるのだが，その仮定の置き方で結果がころころと変わるため，実設計上の強度評価には役立たない．したがって，「特異点の応力は無限大」と考えておく方が，実用上も精神衛生上もよい．ただしこの言葉に素直に従うと，途端に困るのが強度評価である．何せ，荷重がどんなに小さくても，発生する応力は無限大になるというのであるから，強度評価式からは，"許容荷重は0"という値しか出てこない．しかし，そんなバカなことはないはずである．この現象の実用的な解決方法については3.5節で解説する．

### 3.3.3　切欠きの向きや大きさによる応力集中の変化

　切欠きの周辺の応力状態は，その周囲の応力の流線の流れの方向と切欠きの向きによって変化する．このことは，切欠きを流れの中の障害物と考え，流れに対しての抵抗の大きさをイメージすればわかりやすい．極端な話，切欠きが

## 3.3 応力集中

流れを妨げなければ応力集中も発生しないのである。

具体例として図 3.3.7 の楕円孔の場合を見てみよう。同じ寸法の楕円孔であっても，長径が (a) のように流線方向に垂直な場合と，(b) のように流線方向を向いたとでは，最大応力発生位置での流線の曲率は後者の方が緩やかになるので，後者の方が最大応力は低くなることがわかる。(b) の長径端のところの流線を見ても，ここでは (a) で流線を最も折り曲げた長径端も，(b) では流線を緩やかに曲げるだけであり，そこでの応力集中はあまり高くないことが推測できる。

向きによって応力集中が変化する極端な例が図 3.3.8 のクラックである。クラックは流線に対して垂直に位置する場合，その先端の応力は ∞ になるが，平行に位置する場合には流れを乱さないので，理論上は全く応力を発生しないという性質がある。

ただし，クラックのこのような性質を積極的には利用しようとしない方がよい。平行に位置する場合で圧縮を受けると，理論的にはクラックは口を開かないが，実際には力の不均一性などが原因で開いてしまう可能性があり，この場合にはクラック端の応力は ∞ になってしまうからである。特に疲労に対して要注意である。

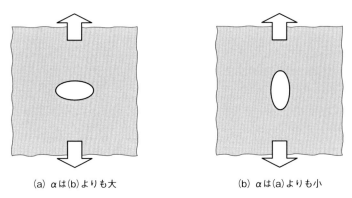

(a) $\alpha$ は(b)よりも大　　　　(b) $\alpha$ は(a)よりも小

図 3.3.7　楕円孔の向きと応力集中

第3章 応力集中部の応力の把握

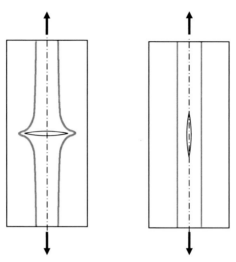

図 3.3.8 応力集中を発生させる亀裂（左側）
と発生させない亀裂（右側）

図 3.3.9 は建築・土木用部材としてよく使用される I 型鋼や C 型鋼である。これらは断面を見る限り応力集中源となりそうな小さい $R$ があるのだが，実際はそこから破壊が発生することはほとんどない。それは，流線が部材の長手方向に流れ，切欠きを迂回しないからである。ただし部材の両端の取付け部においては，流線が長手方向からそれる挙動を示して応力集中を発生するようになるので，その部分の補強対策は重要である。

## 3.4 応力集中係数の見積もり方

> ①H形鋼の主な用途は「曲げモーメント・引張圧縮を受ける」
> ＝R部は力の流れの方向を向くので，応力集中を発生しにくい

> ②もしH形鋼を図のような使い方をしたら？
> ＝R部周辺で流線が曲がるので応力集中が発生する！
> ⇒壊れやすい！

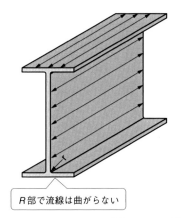
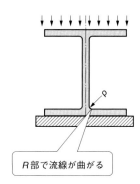

R部で流線は曲がらない

R部で流線が曲がる

図 3.3.9　H 形鋼の使われ方と流線

# 3.4 応力集中係数の見積もり方

### 3.4.1 応力集中係数の定義と基準応力

図 3.4.1 (a) は両側切欠きを持つ板の引張りである。この板の最大応力 $\sigma_{max}$ は最小断面部 A–A′ の両端の 2 個所のいわゆる切欠き底に発生するので，断面 A–A′ での応力分布に注目することにする。

この応力分布は下向きに凸の放物線に似た形状となり，分布の合力は引張力

## 第3章 応力集中部の応力の把握

$P$ に等しい。最大応力 $\sigma_{max}$ は平均応力 $\sigma_P$ よりも高く，板幅の中央の位置の応力 $\sigma_{min}$ は $\sigma_P$ よりも低くなる。平均応力 $\sigma_P$ とは，引張力 $P$ を最小断面部の面積 $A$ で割って得られる応力で，切欠き部最小断面を持つ長方形板の引張応力である。

$$\text{平均応力 } \sigma_P = \frac{\text{引張力} P}{\text{最小断面積} A} \tag{3.4.1}$$

ここで，切欠き縁に発生する最大応力 $\sigma_{max}$ をその切欠きの平均応力 $\sigma_P$ で割ったものが応力集中係数であり，最大応力の平均応力に対する倍率という意味がある。

ただし応力を発生させる荷重は引張力だけとは限らないので，分母には平均応力よりも一般的な基準応力という表現を用いている。

$$\text{応力集中係数 } \alpha = \frac{\text{最大応力} \sigma_{max}}{\text{基準応力} \sigma_n} \tag{3.4.2}$$

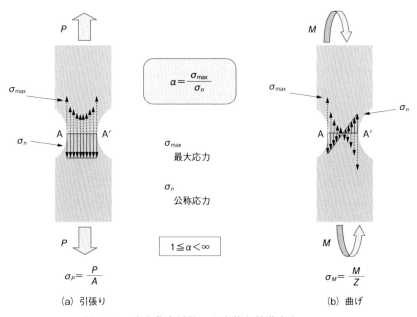

図 3.4.1　応力集中係数 $\alpha$ の定義と基準応力 $\sigma_P$, $\sigma_M$

## 3.4 応力集中係数の見積もり方

応力集中係数 $\alpha$ はどのような切欠きに対しても必ず1より大きく，また最大値は $\infty$ まで及ぶことも多い．

$$1 \leq \alpha < \infty \tag{3.4.3}$$

図 3.4.1 (b) は (a) と同形状で，両側切欠きを持つ板の曲げである．この場合の基準応力は，切欠き部最小断面を持つ長方形板の曲げ応力である．

$$曲げ応力\ \sigma_M = \frac{曲げモーメント M}{断面係数 Z} \tag{3.4.4}$$

$\alpha$ の値は，同一形状であっても引張りの場合と曲げの場合で異なり，流線の密度の観点から常に引張りの方が大きい．CAE で $\alpha$ の計算をする場合に，曲げ荷重を掛けることが困難なことがあるが，そのような場合には，引張荷重で代用しても差し支えない．

応力集中係数 $\alpha$ の値は，形状を見ればある程度推測ができる．ただし応力集中係数 $\alpha$ が定義できるのは，第一種の A 群と B 群のみである．

**図 3.4.2** (a) は片側切欠きを持つ板の曲げであり，基準応力は，やはり切欠き部最小断面を持つ長方形板曲げ応力である．左右対称でないことを除くと基本的な考え方は図 3.4.1 (b) の場合と変わりはない．曲げ応力の計算式も式 (3.4.4) と同じである．

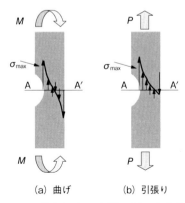

(a) 曲げ　　　(b) 引張り

**図 3.4.2**　片側切欠きを持つ板の応力分布

## 第3章 応力集中部の応力の把握

図 3.4.2（b）は片側切欠きを持つ板の引張りの問題である。この問題，初心者は単に（a）と同一形状に対して曲げが引張りに変わっただけと思うことが多いが，最小断面部にとっては引張力は板幅中心になく，右側に少しだけ偏心している。そのために $P \times$ 偏心距離で決まるモーメントが発生することを考慮する必要がある。

実務上の問題としてもこの（b）のように，見かけは引張力だけが作用している場合であっても，強度を検討する個所では，偏心が原因で曲げ・せん断・ねじりなどの応力が現れることがある。このような視点を養うには，材料力学の実務経験の積み重ねが重要である。ただし，その訓練の基本は，複雑な問題を解くよりも，支配因子に注目した簡単な問題を数多く解くことにあるので，克服は決して難しくない。「引張力からでも曲げ応力が発生するケースがある」というような影響因子の体得は，機械設計者にとっては極めて大切なことなのである。

また強度評価では，応力集中を考慮した CAE による詳細な応力解析技術も必要となることがあるが，日常的には**図 3.4.3** に示すように，応力集中があってもまずそれを無視して公称応力の計算をする方が結果を早く導くことができ

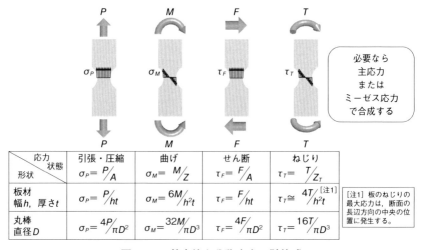

図 3.4.3 基本的な公称応力の計算式

## 3.4 応力集中係数の見積もり方

ることが多い。公称応力の計算式は非常に簡単であり、是非ともこれらが駆使できるように訓練するとよい。

### 3.4.2 基準断面の選び方

基準応力を算出する断面を基準断面と呼ぶことにする。ここまでの例題での基準断面は暗黙のうちに"最小断面部"と決まっていたが、実際の問題では切欠きごとに候補が複数あって、簡単には選び出せない場合も多い。

しかし適当に選んでよいというものでは決してない。この基準断面を適切に選び、そこでの公称応力を算出することは極めて重要である。なぜなら、まだ応力集中を考慮していないこの段階で、発生応力が引張強さや疲労強度などの強度限界値を超えていたら、その設計案は成り立たないからである。CAEが普及してきた昨今、強度関係のトラブルの原因で最も多いのが、この基準断面で発生する公称応力を把握していなかったことである。そこでまず基準断面の一般的な選び方について紹介しよう。

### (1) 2次元問題での基準断面

基準断面としては一般に
「切欠き縁での最大応力発生点を通過する面の中で、発生公称応力の合成値が最大となる面」
を選べばよい。

杓子定規に解釈するなら、最大応力発生点を通過する面すべてについて公称応力を計算し、それらを合成し、最大のものを選ぶということになる。ずいぶん面倒なことをしなければならないのだな、と思われるかも知れないが、実際には流線をイメージすることによって、かなり見通し良く選び出すことができる。

具体例として図3.4.4のような凸の字型の部品の引張りの問題を例に、基準断面を選び出す手順を紹介しよう。

①まず第一種B群の形状を扱う場合には、もし可能なら切欠き先端の$\rho$を0

第 3 章　応力集中部の応力の把握

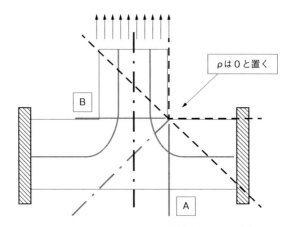

図 3.4.4　2 次元問題での基準断面の選び方

と置くとよい．C 群以下は基本的に $\rho=0$ であって，この手順は不要である．

　②次に代表的な流線をイメージする．するとこの流線に対して"垂直から程遠い角度"の断面はすべて対象外となるので範囲を絞れる．
→この時点で残るのは，A と B の 2 本の線の間にある断面だけである．

　③残った断面のうち，断面積がその近辺のものよりも大きいものは除外してよい．
→この結果，A と B だけが残ることになる．

④最終的に残った断面については公称応力を計算し，それらを合成して，最大となるものを採用する．
→この場合には A の方が大きくなるので，その値を採用する．

　公称応力は 2 次元問題では手計算でも計算できる場合が多いが，そこにはやはり材料力学の基礎的知識と応用力が要求され，簡単には求められないことであろう．そのような場合に CAE を利用するのは効率的であるので，図 3.4.4 での公称応力の計算方法について紹介しよう．

　まず公称応力を CAE で計算するには，次の 4 点を守ろう．
　①2 次要素を用いる．
　②次に基準断面が要素境界となるようにメッシュを切る．

## 3.4 応力集中係数の見積もり方

③そして応力集中の入らない公称応力値を求めるためのメッシュは，できるだけ粗い方がよい。特に応力を求める断面では1分割がよい。

④応力値は要素応力を見る（節点平均応力は不可）[3]。また応力成分は基準断面に一致する辺での垂直応力とせん断応力成分を見る。

上記方針に基づいてメッシュを切ったのが図 3.4.5 である。対称構造であることを利用して，右半分だけを解析対象としている。また公称応力を計算したい断面 A と断面 B を要素境界としている。

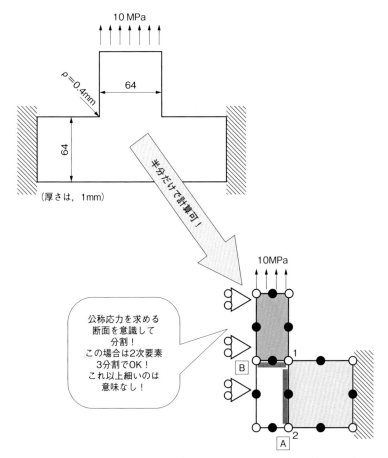

図 3.4.5　凸の字形の問題の公称応力の CAE による計算（$\nu = 0.25$）

第3章 応力集中部の応力の把握

表3.4.1 CAEによる断面Aの公称応力の値

|  | $\sigma_x$ | $\tau_{xy}$ |
|---|---|---|
| 節点1 | 12.12 | −8.40 |
| 節点2 | −10.13 | −1.60 |
| 平均 | 1.00 | −5.00 |

先に断面Bの公称応力 $\sigma_B$ について結果を出そう。これは極めて簡単で、凸の字の頭に作用させた引張応力の10 MPaがそのままここに現れるので、

$$\sigma_B = 10\ \mathrm{MPa} \tag{3.4.5}$$

である。これはCAEを使わなくても出せる結論である。

さて本命は断面Aの方であるが、この断面の右側の要素の左側縦の辺から、左上の節点1と左下の節点2の垂直・せん断の各応力値を求めると**表3.4.1**のようになる。

$\sigma_x$ の平均値が0にならない原因はポアソン比 $\nu$ が0でないことにあり、この値は $\nu$ に依存する。$\tau_{xy}$ の平均値の −5 MPa は、凸の字の頭に作用させた引張応力の10 MPaの1/2であり、これもCAEを使わずに出せる結論である。通常せん断応力に関する強度を検討する際には断面の平均応力を用いればよいのだが、ここでは簡単のため注目する点での値の −8.40 を採用する。すると、断面Aの左上の応力値としては、

$$\sigma_x = 12.12\ \mathrm{MPa},\ \tau_{xy} = -8.40\ \mathrm{MPa} \tag{3.4.6}$$

が得られる。これらの2つの応力から断面Aでの主応力による公称応力 $\sigma_A$ を計算すると、断面Aの基準応力として

$$\sigma_A = 16.42\ \mathrm{MPa} \tag{3.4.7}$$

が得られる。

最終的には2つの断面の公称応力を見比べて大きい方を採用すればよいので、図3.4.4の問題の基準応力は断面Aでの値の 16.42 MPa となる。

実在の構造物の基準断面は以上のようにして決められるが、応力集中係数を近似的に検討する場合には、無限板の問題を扱うことも多い。この場合にはその問題ごとに基準応力の定義が示されるので、それに従えばよい。

3.4 応力集中係数の見積もり方

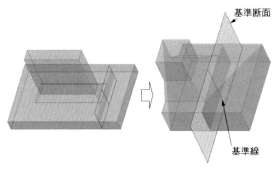

図 3.4.6　T 継手（全周隅肉）

(2) 3次元問題での基準断面

3次元問題の例として，図 3.4.6 の T 継手を見てみよう。強度を検討したい点が決まれば，2次元の場合と同様に流線をイメージすることによって基準断面が選び出せる。2次元だとあとは応力を計算するだけなのであるが，3次元では奥行き方向に応力変化があるために，基準断面の中にさらに基準線を設定し，その線上での応力分布を拾い出す必要がある。CAE 解析を行う際にも，この基準面と基準線を意識してメッシュ切りを行い，「基準断面上での垂直応力とせん断応力成分を基準線上に注目して見る」必要がある。

言うのは簡単であるが，実務で実行できるようになるためには，かなりの経験を積む必要がある。

### 3.4.3　応力集中係数 $\alpha$ の見積もり

応力集中係数 $\alpha$ の値は公表されている資料を見たり CAE で計算したりして求めることができる。しかし設計の上流で重要なのは，「今の路線で行けるか行けないか」という判断である。そのときにはさほどの精度は不要である。要は細かいことはさておき，まず影響度がどの程度なのかを素早く判断することが先決である。そんな時に役立つのがこの項で紹介する内容である。

$\alpha$ が定義できる切欠きは A 群と B 群である。$\alpha$ の値を変化させる要因としては，切欠き自身の寸法，その周囲の寸法，応力状態であるが，各群で変化に

95

は特徴があるので，それを意識しながら $\alpha$ の傾向について解説する。

## (1) 第一種の A 群の $\alpha$

A 群の $\alpha$ は"3 付近"という性質があり，B 群のように無限大になることはない。

図 3.3.1 には形状による $\alpha$ の存在範囲を併記したが，A 群の特徴は，円弧半径 $\rho$ を変化させても $\alpha$ は事実上変わらないということである。特に無限板中の円孔 (a) と，半無限板の半円孔 (c) では全く変化しない。

二軸応力状態 $(\sigma_1, \sigma_2)$ にある無限板 (b) の場合には，$\sigma_1 > 0$，$\sigma_1 \geqq \sigma_2$ とすれば，最大応力 $\sigma_{max}$ は円弧縁水平の直径端に現れ，

$$\sigma_{max} = 3\sigma_1 - \sigma_2 \qquad (3.4.8)$$

である。

運悪く $\sigma_2 = -\sigma_1$（逆符号）の時には，

$$\sigma_{max} = 4\sigma_1 \qquad (3.4.9)$$

となり，逆に運良く $\sigma_2 = \sigma_1$（同符号）の時には，

$$\sigma_{max} = 2\sigma_1 \qquad (3.4.10)$$

要は，二軸応力の絶対値の大きい方を基準応力にとれば，円孔を持つ無限板の引張の問題では

$$2 \leqq \alpha \leqq 4 \qquad (3.4.11)$$

となることがわかる。

それでは，(c) のように有限幅になった場合はどうなのであろうか。この場合の基準応力 $\sigma_n$ を定義する断面は，A-A′ における穴を除いた寸法で決まる断面に対して定義するのが普通である。このような定義では，穴が小さくなると穴から見れば周囲は無限板に見えるようになるので，$\alpha$ は 3 に近づく。逆に大きくなると $\alpha$ は 2 に近づく。穴が大きくなると強度は低下することを考えると，強度低下に伴って $\alpha$ も低下するのは少々奇妙な現象であるが，このことから応力集中係数 $\alpha$ にばかり気を取られているのはよくないということも理解できるであろう。

(d) の半円から浅い切欠きの場合の $\alpha$ は，

$$1 \leqq \alpha \leqq 3.065 \tag{3.4.12}$$

であり，穴が半円の時に 3.065，浅い形状の時に 1 となる。

以上 A 群の $\alpha$ をまとめると，細かいことを気にしなければ，円孔であっても半円孔であっても，一軸状態であれば $\alpha$ の最大値は 3 と思っていてよい。

円孔の場合，二軸応力状態になると，$\alpha$ は 4 にまで達するが，$\alpha$ が 3 から 4 になったからと言って，強度的に 3/4 の弱さになるわけではないのであまり恐れる必要はない。このことは次節を読めばわかるようになっている。

## (2) 第一種の B 群の $\alpha$

B 群の応力集源では，$\alpha$ は形状の変化に応じて，1 から $\infty$ までの間で自在に変化し，一般的には「$\rho$ が小さくなると，$\alpha$ は高くなる」という定性的傾向しか言えない。では具体的な値を求めるには CAE や文献に頼らざるを得ないかというと，必ずしもそうではない。設計計算では「これ以上悪い状態にはならない！」という限界線の値を押えることが重要であるが，実は B 群のかなりのケースについて，形状を見ただけで $\alpha$ の値の上限値を手計算で知ることができるのである。

理屈は次のとおりである。応力集中部でクラックが発生したと考え，その進行方向の寸法をリガメント寸法 $L$ とする。進行方向が不明であれば，応力集中部から一番近い境界までの距離だと思えばよい。このような $L$ が定義できる形状に対して曲げの荷重が作用した場合，「この形状が最大の $\alpha$ になる」という "究極の形状" が存在する。それは**図 3.4.7**（e）に示す U 字形である。

同図には B 群の代表的な形状を 5 種類示した。比較のため $\rho/L$ は同一とする。以下，それらのなかで中央（e）の U 字形の応力集中が最も高くなるという理由を説明する。

まず（a）→（b）→（c）の順に応力集中が高くなる理由を説明する。
・（a）に対称な流線を 1 対イメージしてみよう。
・（b）の形状は（a）の左側切欠きから左側を削り取ったものであるが，この

# 第3章 応力集中部の応力の把握

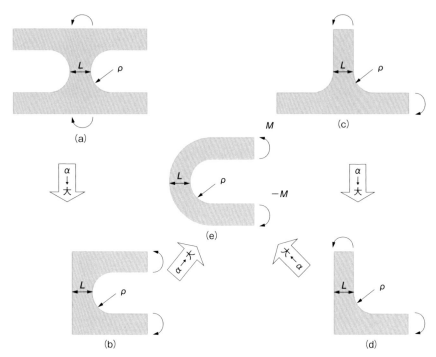

**図 3.4.7 B群の代表的な形状とU字形のαの比較**

形状変化により（a）の左側の流線は元の左側領域に入り込むことはできなくなり，中央から右側領域に押し込められる。（a）でのすべての流線は順次元の位置から右に移動することになるので，その結果右側切欠き付近での流線は密度も曲率も増して，（b）の応力集中の方が高くなる。
・（e）は（b）の左側隅が丸められた形状である。この形状変化により管路が狭まり，流線の密度が高くなるので応力集中も高くなる。
　別の系列として，（c）→（d）→（e）の順に高くなる理由も簡単に説明する。
・（c）に対してやはり1対の対称な流線をイメージしてみる。
・（d）は（c）よりも高くなるが，その理由は（b）が（a）よりも高くなる理由と同様である。
・（e）は（d）に対して，密度と曲率の両方の理由で高くなる。

## 3.4 応力集中係数の見積もり方

以上の結果，曲げに関する限り (e) の U 字形の応力集中が最も高くなるので，その場合の $\rho/L$ に対する $\alpha$ を計算すれば，それが $\rho/L$ が定義できるあらゆる工学的な形状の中での $\alpha$ の最大値ということになるのである。そこで，この U 字形状について，いくつかの $\rho$ と $L$ の比率を選んで高精度の CAE 解析を行い，関数近似したものが次式(3.4.13)である。

$$\alpha_M = \sqrt{1.22^2 + \frac{0.84}{\lambda}} - 0.22 \tag{3.4.13}$$

$\lambda = \rho/L$ （ただし $\lambda \leq 0.3$）

（誤差 $\varepsilon$  $\alpha \leq 12$ で $|\varepsilon| \leq 0.45\,\%$，$12 < \alpha$ で $|\varepsilon| \leq 1.8\,\%$）

ただしこの方法には 1 つ欠点がある。$\alpha$ は引張りと曲げで値が異なるが，前者の方が高いということである。そのため曲げの $\alpha$ の最大値が計算できるからと言って，それが引張りの場合までをカバーできるわけではない。したがって式(3.4.13)だけでは最大値を捉えたことにはならない。筆者はまだ引張の場合の究極の形状を見つけていないので，この式(3.4.13)の欠点を補うために，引張・曲げの両方とも理論解[3)]が存在する問題の助けを借りて曲げの $\alpha$ から引張りの $\alpha$ を推定する方式を採用している。その紹介に先立ち，まず次の $\gamma$ という量を定義しておく。

$$\gamma \equiv \alpha - 1 \tag{3.4.14}$$

$\alpha$ は最小値が 1 のため，その性質について検討する場合には $\alpha - 1$ を使用した方が都合のよい場合も多いからである。

**図 3.4.8** は引張り・曲げの両方とも理論解の存在する代表例の双曲線切欠きを持つ無限板であり，右図のグラフの横軸は $\alpha_M$，縦軸は引張りと曲げの各 $\alpha$ の比率に対応する量 $q$ であり，次式で定義する。

$$q = \frac{\alpha_P - 1}{\alpha_M - 1} \equiv \frac{\gamma_P}{\gamma_M} \tag{3.4.15}$$

$\alpha_P, \gamma_P$：引張りの $\alpha, \gamma$

$\alpha_M, \gamma_M$：曲げの $\alpha, \gamma$

## 第3章　応力集中部の応力の把握

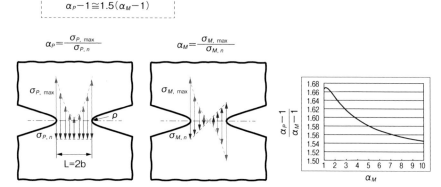

**図 3.4.8　双曲線切欠きでの引張りのαと曲げのαの比較**

この図から $q$ の範囲は 1.5 から 1.67 であることが読み取れる。$q$ が変化すると煩わしいので代表的な値を選ぶことにすると，著者がいろいろな問題に適用して得た感覚から最小値の，

$$q = 1.5 \tag{3.4.16}$$

を採用すればよいことがわかっている。

これに式(3.4.13)～(3.4.15)を適用すれば引張りの場合の究極の $\alpha_P$ の推定式が次式のように得られる。

$$\alpha_P = q(\alpha_M - 1) + 1$$
$$\approx 1.5(\alpha_M - 1) + 1$$

または

$$\gamma_P \approx 1.5 \gamma_M \tag{3.4.17}$$

式(3.4.17)は，$\alpha$ の最大値を与えるという保証はないが，応力集中係数のバイブル的存在の文献3)に掲載の，リガメント寸法が定義できるすべての引張型の $\alpha$ よりも高い値を示すので，実用上は最大値を与えると考えて差し支えない。

## 3.4 応力集中係数の見積もり方

### 3.4.4 実形状への$\alpha$の推定式の適用例

**(1) $\alpha$の値の推測**

式(*3.4.13*)の推定式は，$\alpha$の上限値を知るためだけでなく，次のような使い方もできる。図3.4.5の問題に戻って，このコーナー部の$\alpha$の上限値を式(*3.4.13*)で推定してみよう。

$$\lambda = \rho/L = 0.4/64 = 0.00625 \tag{3.4.18}$$

であるから

$$\alpha_M = 11.4 \tag{3.4.19}$$

を得る。

CAE解析から得た真値は11.6なので，曲げだけを前提とすると僅かながら押さえきれていない。そこで引張りについても計算してみると，

$$\alpha_P = 16.7 \tag{3.4.20}$$

が得られ，図3.4.5の問題の$\alpha$はこの値を超えないことがわかるのである。

第3章 応力集中部の応力の把握

## 3.5 応力集中と強度評価

### 3.5.1 寸法効果について

(1) 寸法効果という現象について

応力集中の増加に伴って強度低下が起きることはよく知られているが，応力集中がない状態でも発生する寸法効果という現象は意外と知られていないものである。寸法効果も応力集中による強度低下も，発生原因は応力勾配の存在という共通因子に帰着するので，まず寸法効果について解説し，その後応力集中が強度低下に及ぼす影響について解説する。

材料力学の初心者の中には，応力値が引張強さや疲労強度などの限界値に達した時に，その限界値に対応する破壊現象が発生すると思っている人が多い。しかしこのような対応関係があるのはごく限られた場合に限られる。それは応力分布に勾配がない時，要するに断面での応力がどこででも同じ値であるような一様分布の時だけなのである。

図3.5.1を見てみよう。相似形状の2つの部材がある。材料力学の初歩ではこのような場合，同じ値の応力値が発生する場所では同じ現象が発生すると考える。そこで最大応力値が限界値に達すればその限界値に対応した現象が発生

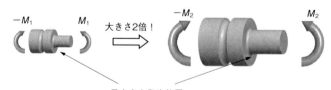

最大応力発生位置
（応力値が同じなら，同じ破壊現象が起きる？）

図3.5.1 相似な2つの部材の強度比較

102

## 3.5 応力集中と強度評価

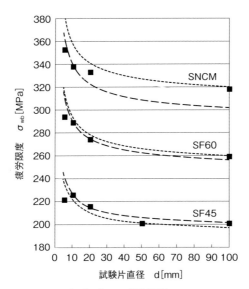

**図 3.5.2　回転曲げでの寸法効果**
　　(点　：生データ
　　点線：式(3.5.1)をあてはめたもの
　　破線：式(3.5.1)で$\sigma_{w,T}$を未知とし，
　　　　　$\phi 10$から推測したもの)

するとみなす。

　しかし実際の破壊現象はそう単純ではない。図 3.5.2 は試験片寸法を相似的に変化させて疲労限度への影響を調べた有名な実験結果[4]である。同図は3種類の材料について4種類の直径の丸棒を切り出し，回転曲げ疲労試験を行った結果であり，点が生データである。また図中の曲線は後から説明する近似曲線である。

　この図から読み取れる傾向としては，疲労限度は試験片直径が大きくなると低下し，小さくなると上昇すると言える。また，試験片直径が非常に大きくなると引張圧縮の疲労限度の値に漸近する。

　このように，部品寸法を比例で大きくしただけなのに強度が低下する現象を寸法効果と呼んでいる。1960年代からの四半世紀は，飛行機のジャンボ化に代表されるような重厚長大の時代であり，すべてのものが大きくなっていった。

103

第3章　応力集中部の応力の把握

そして，寸法効果が原因の破壊事故が頻発したものである。

なぜこのような寸法効果が現れるのだろうか。寸法効果への影響因子はいくつかあるが，最大の因子は応力勾配である。応力分布が断面内のどの位置でも同じ一様分布でなく，表面から内部に向かって低下するような分布形状をしていると寸法効果が現れるのである。だから断面均一の部材の場合，曲げやねじりでは顕著に発生し，引張圧縮では発生しにくい。ただし引張圧縮であっても切欠きがあると応力勾配が発生するので，寸法効果は現れる。

寸法効果現象を通じての重要な結論は「強度は最大応力だけで評価できるものではない」ということである。特に寸法効果は，高サイクル疲労破壊や脆性破壊など，応力が弾性域であっても発生する現象で顕著であるので，これらの破壊現象を検討する場合には忘れてはならないものである。

**(2) 寸法効果の定量的把握方法**

疲労強度試験は，直径 10 mm 前後の試験片を用いて回転曲げ試験でデータ採取を行うことが多い。そのため扱う部材の寸法が上記よりも大きい場合には寸法効果による強度低下に対する配慮が必要である。

この寸法効果を定量的に表現する試みはいろいろとなされているが，著者の方法を紹介しよう。破壊力学を学ぶと寸法効果が最も極端なクラックの場合，強度は寸法の $\sqrt{\phantom{d}}$ に反比例することを知る。この傾向を取り入れて掲載のデータに当てはめて導いたのが式(3.5.1)である。

$$\sigma_{wb} = \sigma_{wt} + \frac{C_1 \sigma_B}{\sqrt{d}} \qquad (3.5.1)$$

$\sigma_{wb}$：回転曲げの疲労限度

$\sigma_{wt}$：引張圧縮の疲労限度

$\sigma_B$：引張強さ

$d$：試験片直径（mm）

$C_1$：比例定数（$=0.24\sqrt{mm}$）

## 3.5 応力集中と強度評価

この式を用いて図 3.5.2 の各材料に適用したのが図中に示した曲線である。点線は式(3.4.1)をそのまま当てはめた曲線である。この式は SNCM のような高強度材では合わない傾向があるが，中強度材や非鉄金属ではよく合う。また破線は引張圧縮の疲労限度を未知数としてこれを $d=10$ mm の時のデータから求め，他の直径に対する値を用いて計算したものである。$d=10$ mm のデータの誤差に大きく影響されるが，実際はこの方法によって推定することになる。

### 3.5.2 応力集中係数 $\alpha$ と切欠き係数 $\beta$ の関係

#### (1) 応力集中が脆性破壊に及ぼす影響

図 3.5.3 を見よう。(a) は両側 U 字切欠きを持つ長方形の板の引張り，(b) は U 字切欠きの幅が 1/2 になったもの，(c) は幅が 0 すなわちクラックとなったものである。

理屈で考えてみると，スリット幅が (a)→(b)→(c) と順に狭くなるにつれて切欠き先端の応力は高くなる。これに伴って応力集中係数 $\alpha$ は増加し，(c) に至ると無限大になる。応力が無限大になったら僅かな引張力でも破断するの

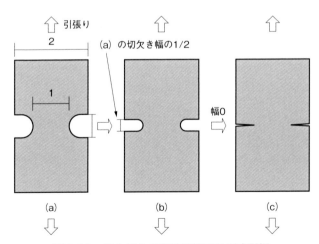

図 3.5.3 応力集中が脆性破壊に及ぼす影響

## 第3章 応力集中部の応力の把握

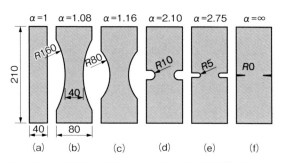

**図 3.5.4　6種類の切欠き付き長方形（紙試験片形状）**

だろうか。現実にはそのようなことにはならず，ある程度の大きさの力にまで耐えるに違いないであろう。

以上のことを定量的に調べるために，**図 3.5.4** の6種類の形状の試験片を実際に作って，破断荷重を実測してみた。材料は脆性的に破壊し，かつ低荷重で破断に至るものとして上質コピー用紙を選んだ。

図 3.5.4 (a)～(f) は6種類の形状の板である。(a) は幅が 40 mm の長方形，(b)～(f) は幅が 80 mm の両側切欠きを持った長方形であり最小断面部の幅が 40 mm である。(f) の切欠きはクラックである。各板の $\alpha$ は左端 (a) で1であり，右に向かって高くなって，右端の (f) では $\infty$ となる。

さて，これらの板を引張って破断させた時，破断荷重 $P$ はどのようになるだろうか。ただし応力が弾性域でも，破壊が生じる脆性破壊の場合を考えることにする。容易に想像がつくことは，$\alpha$ が大きくなれば破断しやすくなるということであり，$P$ は明らかに (a) から (f) に向かって低下するであろう。それでは $P$ は $\alpha$ に反比例するのだろうか。もしそうだとすると，$\alpha=\infty$ の (f) では $P=0$ となり，僅かな引張力に対しても破断してしまうことになる。

破断実験の際には，(a) は 10 枚，他は 5 枚ずつ作って破断させて平均を取った。結果は**表 3.5.1** に示すとおりである。

ここで $\alpha$ が強度低下に及ぼす影響度を定量化して検討するために，次のような量 $\beta$ を導入する。

## 3.5 応力集中と強度評価

表3.5.1 紙試験片の引張破断実験結果

| 曲率半径 $R$ [mm] | 応力集中係数 $\alpha$ | 破断荷重 $P$ [kgf] | [N] | 強度低下率 $\beta$ |
|---|---|---|---|---|
| 平滑 | 1 | 14.40 | 141.2 | 1 |
| 160 | 1.08 | 13.44 | 131.8 | 1.07 |
| 80 | 1.16 | 11.98 | 117.5 | 1.20 |
| 10 | 2.10 | 7.32 | 71.8 | 1.97 |
| 5 | 2.75 | 6.50 | 63.7 | 2.22 |
| 0 | ∞ | 5.88 | 57.7 | 2.45 |

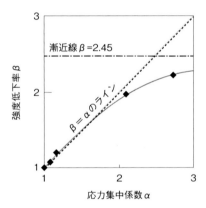

図3.5.5 紙試験片の引張りでの$\alpha$と$\beta$の関係

$$\beta = \frac{平滑材の破断荷重}{切欠き材の破断荷重} \tag{3.5.2}$$

今はこの$\beta$を"強度低下率"と呼ぶことにする。この$\beta$がもし$\alpha$と比例すれば，最大応力で強度が評価できることになるのだが，実際に$\alpha$と$\beta$をプロットしてみると図3.5.5のようになる。$\beta$は$\alpha$が大きくなるに連れて増加するが，次第に増加の度合いが減少し，$\alpha \to \infty$ の時の$\beta$である 2.45 に漸近する傾向を示す。ここでの重要な結論は，強度低下は$\alpha$に比例して発生するわけではない，ということである。

### 第3章 応力集中部の応力の把握

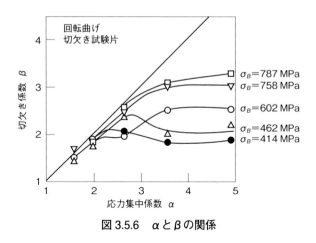

図 3.5.6　αとβの関係

#### 3.5.3　高サイクル疲労破壊への影響

実は，このような関係は疲労の世界では広く知られていて，βには"切欠き係数"という名前が与えられている。切欠き係数の厳密な定義は次のとおりである。

$$\beta = \frac{平滑材の疲労限度}{切欠き材の疲労限度} \quad (3.5.3)$$

図 3.5.6 は疲労の専門家なら誰もが一度は目にしたことのある有名なαとβの関係の実測結果である。ばらつきが大きいが，この図から図 3.5.5 と同じ次の3つの傾向が読み取れる。

① $\alpha=1$ 付近では $\beta=\alpha$ である

② βはαに伴って単調増加するが，その増加率はαほどではなく，$\alpha \to \infty$ ではある値に収束する傾向を見せる

③ $\sigma_B \geq 600$ MPa の高強度鋼を除き，直径 10 mm 程度の部材のβは 3 を超えることはない

#### 3.5.4　βの推定方法（直径 10 mm 程度の部材の場合）

αの値は計算から求まるのに対して，βの方は，実測しなければ求まらない

## 3.5 応力集中と強度評価

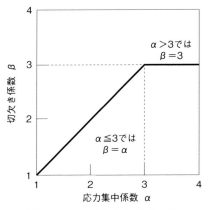

図 3.5.7　α から β の推定方法

値である。しかし設計部門としては使用材料が変わるたびに測定するわけにもいかない。そこで，高強度鋼を除く 100 mm 程度以下の部材では回転曲げの β は次のようにして推定するのが一般的な方法である。図 3.5.7 はこの推定方法を図示したものである。

・$\alpha \leqq 3$ では，$\beta = \alpha$
・$3 < \alpha$ では，$\beta = 3$

高強度鋼においても上記の 3 を 3.5 で置き換えるなどして簡便に推定する方法もある。ただし高強度鋼では破壊力学的な検討も併せて行う必要がある。

もし，もっと精度良く推定したければ次の形の曲線の式を当てはめることができる。

$$(\beta-1)^n = \frac{(\alpha-1)^n (k-1)^n}{(\alpha-1)^n + (k-1)^n} \tag{3.5.4}$$

ここに，定数 $k$ は $\alpha \to \infty$ の時の β の漸近値であり，$n$ は適合度調節用の定数である。ただし，上式には寸法効果が加味されていないので，この式の当てはめ結果を過信しない方がよい。

### 3.5.5　β の寸法効果

切欠き材でも寸法が比例的に大きくなれば，やはり寸法効果が現れて強度が

## 第3章 応力集中部の応力の把握

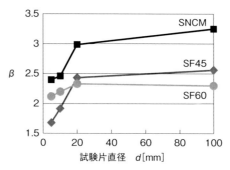

図 3.5.8　図 3.5.2 の各材の $\alpha = 3.3$ に対する $\beta$ の値

表 3.5.2　図 3.5.8 での $d = 10$ mm に対する $\beta$ の倍率

| $d$ [mm] | SF45 | SF60 | SNCM |
|---|---|---|---|
| 20 | 1.28 | 1.06 | 1.21 |
| 100 | 1.34 | 1.05 | 1.32 |

低下するが，それを表現する式(3.5.1)のような便利な式は今のところ導けていない。そこで概略を把握するために，図 3.5.2 の各材について $a = 3.3$ の試験片での $\beta$ の値の測定結果を図 3.5.8 に示す。SF60 材は他と挙動が異なるので除外して考える。同図を基に $d = 10$ mm の時を基準とした $\beta$ の倍率を表 3.5.2 に示す。この表から $d$ が 20 mm では $\beta$ は約 1.25，100 mm では 1.33 となって，高強度鋼の SNCM では $\beta > 3$ となる。ただし 100 mm を超えても $\beta$ の倍率は 1.33 からほとんど増えない。

要は最小断面部の寸法が大きくなると高強度鋼では $\beta$ が 3 を超える可能性は高くなるので，大型構造を設計する際には十分に注意が必要であるが，本特集で対象としている中強度鋼・非鉄金属・プラスチックなどでは，あまり神経質になることはなく，強度に及ぼす影響因子の把握という観点からは図 3.5.7 の推定方法程度でよい。

## 3.5 応力集中と強度評価

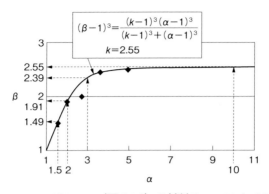

図3.5.9 $\sigma_B = 602$ MPa（図3.5.6）の材料の $\alpha = 11$ までの外挿

### 3.5.6 後から $\beta$ を下げるのは難しい

ここで途中での公称応力の確認をせずに設計を進めてしまい，その結果 $\alpha$ が10になってしまったとしよう。それでは高過ぎるので $\alpha$ を2まで下げる努力をしたとしよう。さて，これによって強度はどのくらい向上するのだろうか。例として図3.5.6の中でも高強度の部類に属するデータに式(3.5.4)を当てはめてみたものである。

$$(\beta-1)^3 = \frac{(\alpha-1)^3(2.55-1)^3}{(\alpha-1)^3+(2.55-1)^3} \tag{3.5.5}$$

この式(3.5.5)を用いて $\alpha=11$ までの $\beta$ の変化を示したのが**図3.5.9**である。$\alpha=10$ に対する $\beta$ は 2.55，$\alpha=2$ に対する $\beta$ は 1.91 である。これから $\alpha$ は $2/10=20$ ％に減少したのでかなり改善したような気になるが，$\beta$ の方はというと $1.91/2.55=75$ ％にしかならず，$\alpha$ を大きく下げた割に $\beta$ の方はほとんど下がらないことがわかる。要は $\alpha$ を下げる努力をする前に，実際に強度に効く $\beta$ を意識しなければ，その努力は水の泡となる可能性が高い。

しかし，このようなことが起きるのは，設計の最初に強度の最大影響因子である基準応力が強度の限界値以下であることを確認していない場合である。だからこのような事態を避けるには，設計の最初のうちの詳細形状が定まる前に，

第3章　応力集中部の応力の把握

① まず基準応力の値を計算し，切欠係数の目標値 $\beta'$（＝強度の限界値／安全率／基準応力）を計算する。
①-1 $\beta'$ が3以上であれば強度の検討は完了である。
①-2 $\beta'$ が1未満であれば，その設計は絶対に成り立たないので，この段階で $\beta'$ が1を超えるように（すなわち基準応力が限界値以下となるように）徹底的に改善を図る。
①-3 $\beta'$ が1以上であっても，1に近いと後から苦労するので，最初から例えば1.5以上となるように改善を図っておくとよい。この数値は経験から決めるとよい。
② 以上で漏れるケースは，$\beta'$ が1以上3未満の場合である。
②-1 この場合，CAE を駆使するなどして，$\beta'$ がこの範囲に入るように応力集中部の $R$ を調節すれば事足りる場合が多い。
②-2 もし入らなければ，①-3 の段階に戻って断面積を増やすなどの根本的な改善を図る。

### 3.5.7　$\alpha$ と $\beta$ に関するその他の結論

**(1) CAE で計算した最大応力は，強度の限界値を超えるのが普通**

$\beta$×基準応力が破壊開始時の応力値（強度の限界値），$\alpha$×基準応力が CAE などによる弾性解析から得られる解析応力値であり，$\alpha>\beta$ であるから，切欠き材の破壊開始時の解析応力値は，強度の限界値を超えているのが普通である。

特に CAE 解析の練習課題として既存の機種について解析を行うと，実際は破壊に至っていないにもかかわらず引張強さなどの限界値を超えた応力が現れて解釈に悩んでいる姿を見かけるが，$\beta$ を理解していれば，何ら不思議はないことがわかるであろう。

**(2) 最大応力を精度良く求める努力には無駄が多い**

CAE を使い始めると応力値を精度良く求めることに喜びを覚えるものであるが，$\alpha>3$ では $\beta$ の増加が鈍ることを考えると，応力集中の高いところで最

大応力の値の精度を追求しても強度検討にはあまり役立たないことがわかれば幸いである。

### (3) 応力が∞でも設計はできる～特異点の強度評価

　$\alpha \to \infty$ の特異点においても普通の材料では $\beta \to \infty$ にはならないので，強度設計は可能である。「応力が ∞ になるはずはない！」と考え，非線形解析を行って真の応力値を求めようと躍起になる姿も見られるが，その努力は強度評価という観点からは報われることはない。要は無限大の応力というものを素直に受け入れておいた方がよい。

　なお，$\alpha \to \infty$ の時の $\beta$ の値は，切欠き形状や応力状態によって異なる。最も高い $\beta$ を与えるのがクラックの場合であり，それを追求するのが破壊力学であるが，普段扱う材料が中強度鋼・非鉄金属・プラスチックなどの場合には，$\alpha \to \infty$ の時は $\beta = 3$ と思っていてよい。

**参考文献**
1) 村上敬宜:「弾性力学」, 養賢堂
2) O.C. ツィエンキーヴィッツ, Y.K. チューン共著；吉識雅夫 監訳:「マトリクス有限要素法」, 培風館
3) 西田正孝:「応力集中」(増補版), 森北出版
4) 大内日久:「新大形疲労試験機による鋼材の疲労強度に及ぼす寸法効果の研究」, 日立評論, 1959.5, 第41巻 第5号, pp.84—91

# 第4章

# 強度評価と安全率

# 第4章　強度評価と安全率

## 4.1　材料の破壊形態～破壊の分類

### 破壊現象と扱い方

　材料に過大な荷重が作用すると，材料の性質や荷重の作用の仕方によって様々な破壊が発生する。表4.1.1に基本的な種類の破壊形態を示しているが，以下にそれらについて説明する。

#### 4.1.1　一発破壊＝材料自身の持つ性質によって現れる破壊形態 ～延性破壊と脆性破壊

　破壊形態の中で最も基本的なものは，静的な荷重（ゆっくりと単調増加する荷重）が作用した時に発生する一発破壊である。この破壊では材料自身の持つ性質が現れ，大別すると延性材で発生する延性破壊と，脆性材で発生する脆性

表4.1.1　いろいろな破壊形態

| 破壊形態 | | 原因となる荷重 | 部品のどんな挙動が対象か？ | 対象となる材料 |
|---|---|---|---|---|
| 一発破壊 | 延性破壊 | 静的荷重 | 弾性域から塑性域に入った後，さらに大きな塑性変形を経て破断する破壊 | 金属材料の大半，プラスチックの大半など |
| 一発破壊 | 脆性破壊 | 静的荷重 | 弾性域を出るか出ないうちに破断に至る破壊 | ガラス・コンクリート・鋳鉄・岩石など |
| 疲労破壊 | 高サイクル疲労破壊 | 繰返し荷重 | 弾性域の応力振幅が繰返し作用して，塑性域を生じずに疲労する破壊，破断までの繰返し回数 $\geq 10^4$ | すべての材料 |
| 疲労破壊 | 低サイクル疲労破壊 | 繰返し荷重 | 塑性域ができるような大きな応力振幅が繰返し作用して疲労する破壊，破断までの繰返し回数 $< 10^4$ | すべての材料 |

弾性破壊
＝弾性域で発生する破壊

4.1 材料の破壊形態～破壊の分類

破壊に分かれる。

(1) 延性破壊

図 4.1.1 (a) に延性材の引張の応力―ひずみ線図を示す。

縦軸が応力，横軸がひずみの理由

基本的な引張試験では，引張荷重を掛けて伸びを測定するので，これらを直接表示するのが本来の姿であろう。しかし，試験片の寸法が相似的に小さくなったり，材料の都合で断面が円形から長方形に変わった場合，材料の性質は変わらないのに，荷重と伸びの関係は寸法や断面形状の影響を受けて変化してしまう。そこで縦軸は荷重を断面積で割った応力，横軸は伸びを測定標点間距離で割ったひずみで表示し，それらの影響が入らない線図が得られるようにしているのである。

弾性域での挙動

さて，試験片に荷重をゆっくりと掛け続けると，応力とひずみも同時に発生して次第に増加する。鉄鋼系やアルミニウム合金などの材料では，最初のうち，応力とひずみは比例して線図が直線になる。この時の傾きが縦弾性係数 E で

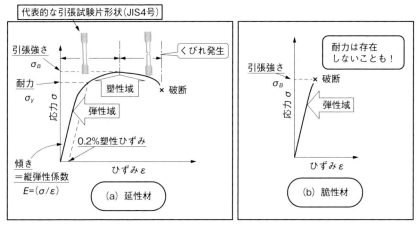

図 4.1.1　材料の応力-ひずみ線図（延性材と脆性材）

第4章 強度評価と安全率

あり，

　　縦弾性係数 $E=$ 応力/ひずみ　　　　　　　　　　　　　　　(4.1.1)

で計算される。この弾性域にいる時に除荷すると，線図は描いてきた元の直線をたどって原点に戻る。

**弾性域での永久変形**

　材料力学の教科書の中には，この弾性域では材料には全くダメージが残らず，除荷すると完全に元の状態に戻ると教えるものがあるが，実際にはそのようなことはない。原子レベルで見ると，この領域でも応力の大きさに応じた原子の格子のずれ（転位という）などの僅かな変形が発生し，これは除荷しても元には戻らない。しかしその変形が小さいために，測定に引っ掛からないだけなのである。

**弾性域から塑性域へ**

　応力レベルが上がると，このような格子のずれは加速度的に増えて行き，やがて応力-ひずみ線図は直線から右にそれ始め，塑性域に入る。塑性域に入ってから除荷すると，線図はその位置から元の直線に平行な直線を描きながら下がるようになる。したがって，横軸に達した位置は原点ではなく，右にずれた所となる。このずれが塑性変形によって発生したひずみであり，塑性ひずみと呼ばれている。

　なお，除荷した後，再び負荷すると，線図は除荷した時に描かれた直線を逆にたどって元の応力-ひずみ線図上に戻る。

**弾性域と塑性域の境目―耐力**

　弾性域と塑性域の境目は，ごく少数の材料以外では明確にはわからない。それだと設計に困ることもあるので，工業的には境目を「0.2％塑性ひずみ発生応力」と定義し，これを耐力 $\sigma_y$ と呼んでいる。耐力の値を求めるには，わざわざ除荷する必要はなく，引張力を負荷し続けて応力-ひずみ線図を描かせた後，0.2％塑性ひずみの位置から弾性域の直線に平行な直線を引いて，交点の応力を求めればよい。

　　耐力 $\sigma_y=0.2\%$塑性ひずみ発生応力/初期断面積　　　　　　(4.1.2)

## 4.1 材料の破壊形態～破壊の分類

耐力は，実は強度設計上にはあまり影響のない指標であり，次に出てくる引張強さの方がはるかに重要である。このため，我が国やアメリカにおいては塑性応力の発生を厳しく管理する原子力関係の機器などを除いてはあまり重視されていない。

ただし，ヨーロッパ諸国では引張強さよりも耐力の方を重視する傾向がある。

**塑性域での挙動─最大荷重まで─引張強さ**

塑性域に入ると，応力の増加に比べてひずみの増加が著しくなり，応力-ひずみ線図は次第に寝るようになって，やがて荷重値は最大値に至る。

この荷重値はその試験片に対して負荷できる最大の荷重値であって，これを負荷開始前の初期断面積で割った値を引張強さ $\sigma_B$ と呼んでいる。

$$\text{引張強さ } \sigma_B = 最大荷重/初期断面積 \tag{4.1.3}$$

引張強さは材料の機械的性質の中でも最も基本的かつ重要な指標である。

**塑性域での挙動─ピーク荷重後─真破断応力**

荷重値がピークを迎えた後は，試験機は負荷し続けているにもかかわらず荷重値は低下しはじめ，やがて破断に至る。

荷重値がピークを迎える前は，試験片形状は伸びたり細ったりはしているものの，初期状態と見た目は変わらない。しかしピークを迎えた後は，くびれができはじめ，このくびれに変形が集中してそこでの応力も他より高くなる。くびれ形成の速度は引張速度よりもはるかに速いために，負荷しようとしているにもかかわらず，荷重値が減少するという現象が現れるのである。

円形断面の試験片では，破断後の破断部の直径を測定して面積を求め，破断時の荷重をこの断面積で割った値の真破断応力 $\sigma_T$ を求めることができる。

$$\text{真破断応力 } \sigma_T = 破断荷重/破断時の断面積 \tag{4.1.4}$$

**構造用部材で好ましい性質は延性材**

延性材では，塑性域が大きいので，過大な荷重が掛かって材料が壊れ始めてから，実際に壊れるまでの間も長く，装置の運転を止めるなどの猶予が生まれるのが普通である。

構造用の部材としては，脆性材よりもできるだけ延性材を使用する方がよい。

## 第4章 強度評価と安全率

### (2) 脆性破壊

図 4.1.1 (b) に脆性材の引張りの応力-ひずみ線図を示す。

脆性材の特徴は，ほとんど弾性域にいるうちに破断に至ることであり，弾性域で破壊現象を起こすことを弾性破壊と呼んでいる。

脆性材でも引張強さは定義できるが，耐力の方は塑性ひずみが 0.2% も発生しないうちに破断に至ることが多く，このような場合には定義できない。

脆性材は構造用部材としては好ましくないので，やむを得ない場合以外は使用しない方がよい。

### (3) 軟鋼の応力-ひずみ線図

軟鋼は延性材料であるが，弾性域と塑性域の境目が明確に現れ，降伏応力という指標を持つことで有名である。その応力-ひずみ線図は図 4.1.2 のようであり，最初弾性域であるのは図 4.1.1 と同様であるが，直線域の端部で応力が急に低下して塑性域に入り，そこでしばらく振動するような挙動を取った後，一般材料と同様の経路をたどって最大荷重を迎えた後，破断に至る。

この弾性域の端部の最大応力を上（かみ）降伏点，低下した後の応力を下

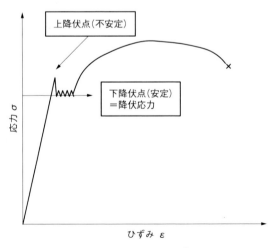

図 4.1.2　軟鋼の応力-ひずみ線図

## 4.1 材料の破壊形態～破壊の分類

(しも) 降伏点と呼んでいる。

上降伏点は試験時の引張速度や試験片寸法の影響を受けやすく値が不安定であるが、下降伏点はそれらの影響がないため、軟鋼の降伏応力は、通常は下降伏点の応力が採用される。

なお、軟鋼には耐力という指標は存在しない。また耐力が定義されている材料では、降伏応力という指標は存在しない。

軟鋼は、1980年代以前は構造用部材の中心の位置づけにあり、その挙動を知っておくことは構造設計者の常識であったので、図4.1.2の応力-ひずみ線図も材料力学の教科書の最初に出てきたものである。しかし時代は変わり、今や非鉄金属やプラスチックが中心になりつつあるため、本書ではあえて図4.1.1を前面に出している。

### 4.1.2 疲労破壊

#### 疲労破壊という現象

疲労破壊は、機器に繰返し荷重が作用して発生する応力による破壊現象である。その応力のレベルは引張強さや耐力に比べて小さいにもかかわらず、何万回、何百万回と繰り返されるうちに次第に材料にダメージが蓄積されて破断に至る。

繰返し荷重の波形は、実際の機器には不規則な形のものが作用することも多い。もし必要があれば実波形の荷重を与えて検討することもあるのだが、通常の設計検討と疲労強度データの採取の際は、発生応力が**図4.1.3**に示すように規則的で振幅一定の正弦波となるような単純な状態を想定する。同図にはいろいろな量が示されているが、最も重要なものは、応力振幅 $\sigma_a$ と破断までの繰返し回数 $N$（破断寿命ともいう）であり、次に平均応力 $\sigma_m$ と最大応力 $\sigma_{\max}$ が続く。

#### イニシエーションと伝播（プロパゲーション）

疲労破壊の破断に至るまでの過程は2つに分かれる。前半は、まず表面からクラックが発生するまでのイニシエーションであり、後半[注1]はクラックが進

# 第4章 強度評価と安全率

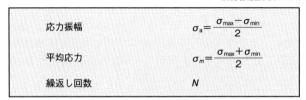

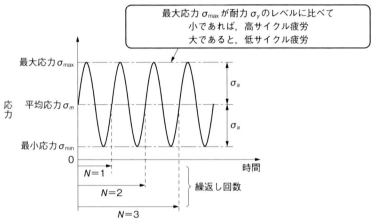

図 4.1.3 疲労強度の検討に必要なパラメータ

展して最終破断に至る伝播である。大型回転機や大型溶接構造物では，定期点検の際にクラックを発見した場合，修理手配が整うまで持つかどうか，または，次の点検まで持つかどうか，などの検討を短時間のうちに行う必要があって，その際にはクラックの進展のシミュレーションが重要になるが，一般の機器ではその必要もないので，通常は2つの過程を分けることなく，全体を扱った設計を行っている。

### S–N 線図

疲労の現象を測定する疲労試験の結果を整理したり，設計資料として利用したりする場合には，S–N 線図としてまとめられたものを使用する。S–N 線図

---

[注1] 後半といっても，実際の割合は全寿命の1割程度であって極めて短い。

## 4.1 材料の破壊形態〜破壊の分類

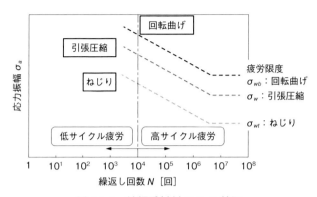

**図 4.1.4　鉄鋼系材料の S-N 線図**

を描くには，まず最初の試験片に対して大き目の $\sigma_a$（目安は $\sigma_B$ の 2/3〜3/4 程度）を設定して繰返し荷重を与える。すると試験片は比較的短時間で破断する。次に試験片ごとに $\sigma_a$ を段階的に下げつつ与えた試験を繰り返すと，$\sigma_a$ が下がるたびに $N$ は基本的には延びていき，試験片の個数分の点群が得られる。このようなデータを 1 枚の図に表し，曲線を当てはめたものが S-N 線図（Stress-Number 線図）であり，その例を**図 4.1.4** に示す。

この S-N 線図は材料を問わず $\sigma_a$ が下がると $N$ が増加するような右下がりの曲線となる。また，回転曲げ・引張圧縮・ねじりの荷重形態別に見ると，図 4.1.4 で見られるように回転曲げが最も高く，ねじりが最も低い。

S-N 線図の軸の目盛についてであるが，横軸の繰返し回数は 1 から $10^9$ 回程度までの領域を扱うために必ず対数目盛（$\log N$）で表す。縦軸については利用のしやすさから普通スケールで表すことが多いが，著者は横軸同様に対数目盛で表す主義である。その理由は，同図に見られるように，曲げ・引張圧縮・ねじりなどの荷重形態が違った場合でも，S-N 曲線は上下に平行移動するだけの結果となり，便利だからである。

### 高サイクル疲労と低サイクル疲労

疲労の現象は，繰返し応力の最大値 $\sigma_{\max}$ が耐力 $\sigma_{ys}$ のレベルに達しなければ主に弾性域での破壊現象になり，破断繰返し回数は $10^4$ 回以上となる。この領

## 第4章　強度評価と安全率

域の疲労破壊現象を高サイクル疲労と呼んでいる。逆に $\sigma_{max}$ が $\sigma_{ys}$ のレベル以上の振幅で発生する疲労は塑性変形を伴う破壊現象となり，破断繰返し回数は $10^4$ 回以下となる。この領域の疲労破壊現象を低サイクル疲労と呼んでいる。

　疲労の現象での最も基本的なパラメータは，実は応力ではなくひずみの方である。したがって，塑性ひずみが関係する低サイクル疲労ではひずみをパラメータとした評価を行わなければならない。しかし，高サイクル疲労は幸いにして弾性破壊であるために，ひずみに弾性係数を掛けることにより応力に換算することができるので，通常は応力での評価が可能であり，またその方がわかりやすい。

　本書は弾性破壊の評価方法に的を絞っているので，低サイクル疲労は扱わず，高サイクル疲労のみを取り上げて解説する。

疲労限度

　図4.1.5 に見られる鉄鋼材の $S$-$N$ 線図の特徴は，応力振幅 $\sigma_a$ を下げていくと，いくら繰返しても破断しなくなる $\sigma_a$ に到達することであり，この時の $\sigma_a$ を疲労限度 $\sigma_w$ と呼んでいる。一般に $N$ が $10^7$ 回（1千万回）付近を越えると疲労限度に到達し，疲労限度以下の応力振幅では疲労破壊は生じないといわれてい

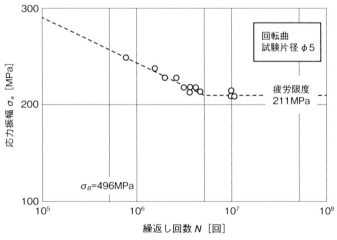

図 4.1.5　鉄鋼系材料の $S$-$N$ 線図（SS400）[12]

## 4.1 材料の破壊形態～破壊の分類

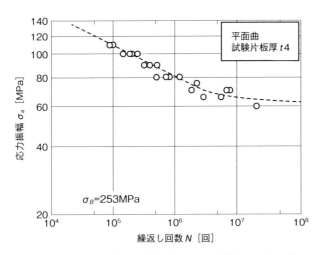

図 4.1.6　非鉄金属材料の S-N 線図（Al 合金）[2]

る[注2]。疲労限度の値は疲労強度の確保上極めて重要な値であり，いろいろな鉄鋼材料について求められている。

図 4.1.6 は非鉄金属の S-N 線図であるが，このように疲労限度が存在しない材料も多い。この場合でも，繰返し回数が $10^7$ 回での応力振幅（$10^7$ 回時間強度と呼ばれる）は，やはり設計上の重要な目安となり得るので，便宜上この値も疲労限度と呼ぶことが多い。

平均応力の影響と疲労限度線図

S-N 線図は平均応力 $\sigma_m = 0$ 状態で測定されることが多いが，実荷重としては $\sigma_m \neq 0$ の場合も多い。そのような場合の理論的取り扱いについて説明する。

図 4.1.7 に注目しよう。疲労の世界では，同図（a）（b）のように最大値と最小値が異符号となるような変動を両振り，（c）（d）のようにそうでない場合を片振りと呼び，特に（a）のように最大値と最小値の絶対値が等しい場合を

---

[注2] 近年，ばねなどに使用されている高強度鋼やチタン合金などでは，繰返し回数が $10^7$ 回を超えて $10^9$ 回付近になっても疲労強度の低下が続く現象が発見されている。このような疲労現象はギガサイクル疲労または超高サイクル疲労と呼ばれている。

## 第 4 章　強度評価と安全率

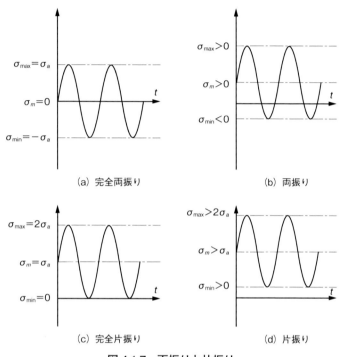

図 4.1.7　両振りと片振り

完全両振り，(c) のようにいずれかが 0 の場合を完全片振りと呼んでいる。同図に示した 4 種類の波形の応力振幅 $\sigma_a$ がすべて等しくても，平均応力 $\sigma_m$ が加わると最大応力 $\sigma_{max}$ が増加するので，(a) から (d) に向かう順に疲労強度は低下する。その低下の様子を推測する方法が図 4.1.8 に示す疲労限度線図である。縦軸に応力振幅 $\sigma_a$，横軸に平均応力 $\sigma_m$ を取ると，両者の関係は，$\sigma_m=0$ のとき $\sigma_a=\sigma_w$ を通る右下がりの曲線となる。この曲線の具体的な形の推定方法としては，表 4.1.2 に示すようなものが提案されているが，最も利用されているのが①の修正グッドマン（Goodman）線図である。これはデータの入手が容易な引張強さ $\sigma_B$ を用いているからである。

一方，鉄鋼材料での実際の現象とよく合うのはグッドマン線図での $\sigma_B$ を真破断応力 $\sigma_T$ で置き換えた式②なのであるが，引張試験で $\sigma_T$ が測定できない場

4.1 材料の破壊形態〜破壊の分類

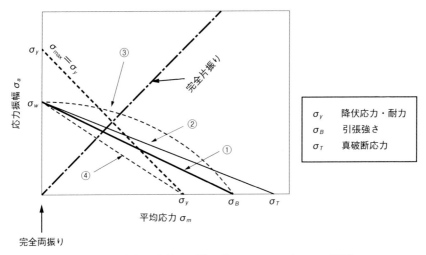

図4.1.8 疲労限度線図（①〜④については表4.1.2参照）

表4.1.2 平均応力の影響に関する諸説

| ①修正グッドマン（Goodman）線図 | $\sigma_a = \sigma_w(1-\sigma_m/\sigma_B)$ |
| --- | --- |
| ②$\sigma_a$-$\sigma_T$線図 | $\sigma_a = \sigma_w(1-\sigma_m/\sigma_T)$ |
| ③ゲルバー（Gerber）線図 | $\sigma_a = \sigma_w\{1-(\sigma_m/\sigma_B)^2\}$ |
| ④ゾーダーベルグ（Soderberg）線図 | $\sigma_a = \sigma_w(1-\sigma_m/\sigma_s)$ |

合は利用不可である。また$\sigma_m=0$のデータから$\sigma_m\neq0$の場合を推測する場合には，①を用いても安全側の値が得られるので設計上は問題ない。

③のゲルバー（Gerber）線図は，$\sigma_T$を使用せずに①よりも実データに近い推測を行おうと放物線近似したものであり，また④のゾーダーベルグ（Soderberg）線図は耐力基準を尊重するヨーロッパで好んで用いられているが，我が国でこれらを積極的に利用する価値は少なくとも筆者にとっては皆無である。

疲労限度線図は，理論的に考えると，高サイクル疲労領域の疲労強度データにも当てはめられる。

第 4 章　強度評価と安全率

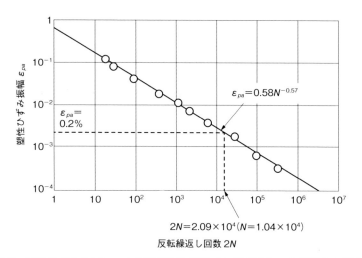

**図 4.1.9**　塑性ひずみ振幅 $\varepsilon_{pa}$ と反転繰返し回数 $2N$ の関係と，疲労強度の視点から見た耐力点設計の位置づけ（反転繰返し回数は，通常の繰返し回数 1 回を 2 回と数える方式で，発生応力振幅の変動を考慮する時に重要となる）

耐力点設計（降伏点設計）と疲労強度

　本書では，強度設計上での耐力が登場する場面があまりない。しかしながら世間一般では「とりあえず発生応力を耐力以下に抑えておけ」という設計方式もある。その意味を考えておこう。

　まず，剛性という視点から見た場合，発生応力を耐力以下に抑えるのは，明らかに永久変形の発生阻止，すなわち荷重が何回作用しても目に見える変形は残らないようにするという意味を持っている。したがって，「強度的には厳しくないがあまり変形しては困る」という機械装置では耐力点設計が用いられている。

　次に強度という視点から見た場合であるが，耐力は塑性ひずみを 0.2% 発生させる応力である。本書ではひずみによる疲労強度評価を扱っていないが，ここでは S–N 曲線の縦軸に塑性ひずみ振幅 $\varepsilon_{pa}$ を取って表示すると多くの金属材料で**図 4.1.9** のようになることが知られている[4]。この図から 0.2% 塑性ひずみ振幅に対する繰返し回数 $N$ は $1.04 \times 10^4$ 回と得られるが，この回数は低サイク

4.1 材料の破壊形態～破壊の分類

ル疲労と高サイクル疲労のほぼ分岐点になっていることがわかる。

　要するに，耐力点設計は低サイクル疲労の発生は防止できるが，高サイクル疲労の発生までは抑えられないという設計になっている。

# 第4章 強度評価と安全率

## 4.2 強度評価の考え方と安全率

### 4.2.1 強度評価の基礎式と安全率 $S$ の導入

図 4.2.1 のように,部材の両端を一対の力 $P$ で引張ったとしよう。この引張力に応じて,内部には応力 $\sigma_L$ が発生する。力 $P$ が次第に大きくなって,材料の持つ強度の限界値 $\sigma_W$ を超えると,この部材はその限界値が表す破壊現象が発生する。

例えば一発破壊の場合には,$\sigma_W = \sigma_B$(引張強さ)であり,発生応力 $\sigma_L$ が $\sigma_B$ 以上となると破断に至る。だから設計としては,発生応力 $\sigma_L$ を引張強さ $\sigma_B$ 以下に抑えなければならない。

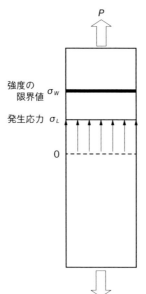

図 4.2.1 長方形板の引張りにおける発生応力 $\sigma_L$ と強度の限界値 $\sigma_W$

## 4.2 強度評価の考え方と安全率

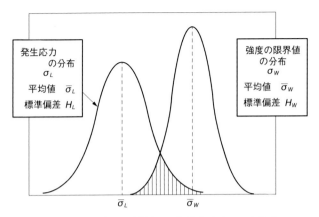

**図 4.2.2 強度の限界値 $\sigma_W$ と発生応力 $\sigma_L$ の分布**

この設計条件を式で表せば，式(4.2.1)となる。

$$\sigma_L \leq \sigma_W \qquad (4.2.1)$$

上式に等号が入っているのは不合理ではないかと考えるかも知れないが，設計の条件式で等号のないものは判定の際に困るので必要なのである。

さて，材料力学の入門書では，式(4.2.1)が与えられ，これを守るように設計すればよいと教えられるが，実際にはこれでは不足である。なぜかと言えば，世の中の実在する量というものは，必ず"ばらつき"（＝分布）を持っていて，$\sigma_L$ も $\sigma_W$ も，その平均値だからである。これらの分布を正規分布と仮定して図示すれば[注3]，**図 4.2.2** に示すよう表現できる。

---

[注3] 限界値の分布は理論的に正規分布（または対数正規分布）に従う。これらは"ある値を狙って作ったものの分布"だからである。ただし正規分布だと負の値もとり得て不合理な結果も生じ得る。また量のオーダーが広範囲にわたる場合には処理できない。これらを避けるためには対数正規分布を当てはめる。

一方，発生応力の分布は多分正規分布ではないであろう。しかし厳密なことを言っているとそれ以上なかなか作業が進まないので，適切な近似を置いて結論を導き，もし不都合が生じたら修正をするという進め方を採用した方がよい。

## 第 4 章 強度評価と安全率

**表 4.2.1 安全率の誘導で扱う正規分布の変数と定義**

| 変数 | 内 容 | |
|---|---|---|
| $\sigma_W$ | 限界値の分布 | |
| $\bar{\sigma}_W$ | 限界値の平均値 | |
| $H_W$ | 限界値の標準偏差 | |
| $V_W$ | 限界値の変動係数 $=H_W/\bar{\sigma}_W$ | (4.2.3) |
| $\sigma_L$ | 発生応力の分布 | |
| $\bar{\sigma}_L$ | 発生応力の平均値 | |
| $H_L$ | 発生応力の標準偏差 | |
| $V_L$ | 発生応力の変動係数 $=H_L/\bar{\sigma}_L$ | (4.2.4) |
| $\sigma_{W-L}$ | 限界値－発生応力の分布 | |
| $\bar{\sigma}_{W-L}$ | 限界値－発生応力の平均値 $=\bar{\sigma}_W-\bar{\sigma}_L$ | (4.2.5) |
| $H_{W-L}$ | 限界値－発生応力の標準偏差 $=\sqrt{H_W^2+H_L^2}$ | (4.2.6) |

これ以後，本節の安全率に関する説明の中では，記号を**表 4.2.1**に示すように定義して表示する。

この表の中に標準偏差 $H$ と平均値 $\bar{\sigma}$ の比の変動係数 $V$

$$V = \frac{H}{\bar{\sigma}} \qquad (4.2.2)$$

という量が定義されている。変動係数は，通常の正規分布を扱う統計処理ではあまり現れない量であるが，安全率を求める最終的な式の中では，$H$ と $\bar{\sigma}$ は比の形 $H/\bar{\sigma}$ の形で現れるようになるので，表示をすっきりさせるためにも，また，後述のデータの推測の時にも，それを変数においた方が都合がよいので導入されている。

さて，図 4.2.2 の 2 つの分布には必ず交わった領域が存在し，この領域では大小関係の逆転が起きる。それは，壊れてしまう組合せがあり得るということを意味していて，その面積は破壊する確率 p の大きさを表している。だからもし式(4.2.1)で等号が成り立つ条件で設計した場合には，正規分布の場合には 50％は壊れてしまうことになるのである。

## 4.2 強度評価の考え方と安全率

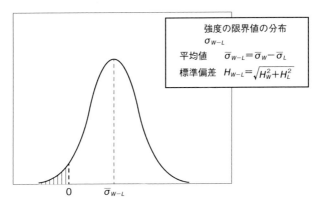

図 4.2.3 "強度の限界値−発生応力" の分布

しかし，$\sigma_L$ を $\sigma_W$ から左側に離せば離すほど，交わった領域は小さくなり，破壊確率も低下していくことであろう。そこで引き離す度合いを，

$$S = \frac{\bar{\sigma}_W}{\bar{\sigma}_L} \tag{4.2.7}$$

で定義し，この $S$ が1よりも大きくなるように適切に定めてやれば，破壊確率 $p$ もコントロールできることになる。要するに，式(4.2.1)の代わりに，

$$\bar{\sigma}_L \leq \frac{\bar{\sigma}_W}{S} \tag{4.2.8}$$

が成り立つように目指して設計をすればよいことになる。要は，「絶対に壊れないようには設計できないが，ある程度の破壊確率を覚悟した上でなら設計できる」ということであり，この $S$ のことを安全率と呼んでいる。

安全率 $S$ は大きく取れば取るほど破壊確率 $p$ をより低くすることができる。しかしむやみに大きく設定することは不経済である。では，どのようにして設定すればよいのであろうか。

### 4.2.2 安全率の値の設定方法

まずは法律の定めに従おう。安全率の中には，法律によって規定されているものがある。例えば，建築基準法により，エレベータのかご釣り用のロープは

第4章　強度評価と安全率

10，労働安全衛生法下のクレーン等安全規則により，クレーン用ロープは6，フックやシャックルは5と定められている。これらの安全率は一般の機器で設定する値よりも実は極めて高い。その理由は，一旦破断が発生すると人命に直結する事故となる可能性が高いため，後述の荷重の変動係数 $V_L$ を十分に大きく見積もっているからである。

### (1) 限界値と発生応力の分布を正規分布と考えた場合

では，法律的な規制のない一般の機器の安全率はどのように考えて設定すればよいのであろうか。それは設計部門として覚悟する破壊確率 $p$ を決めれば，図4.2.2 の2つの分布から導くことができるのである。

まず，図4.2.2 で，右側の引張強さの分布から，左側の発生応力の分布を引いた分布を作ると，正規分布同士の差は，やはり**図4.2.3** に示すような正規分布になって，分布のゼロ点から左側の面積が破壊確率 $p$ となる。$p$ は次式から計算できる。

$$p = \frac{1}{\sqrt{2\pi}\,H_{W-L}} \int_{-\infty}^{0} e^{-\frac{(\sigma - \bar{\sigma}_{W-L})^2}{2H_{W-L}^2}} d\sigma \qquad (4.2.9)$$

上式で次のような変数の置き換えを行う。

$$x = \frac{\sigma - \bar{\sigma}_{W-L}}{H_{W-L}} \quad \left( \Rightarrow dx = \frac{d\sigma}{H_{W-L}} \right) \qquad (4.2.10)$$

$$t = -\frac{\bar{\sigma}_{W-L}}{H_{W-L}} \qquad (4.2.11)$$

すると，式(4.2.4)は次式のようになる。

$$p = \frac{1}{\sqrt{2\pi}} \int_{-\infty}^{t} e^{-\frac{x^2}{2}} dx \qquad (4.2.12)$$

この式は $p$ から $t$ を求めるために利用するのであるが，$t$ を解析的に求めるのは不可能に近いので，実用的には Microsoft Excel の NORM.S.INV 関数を用いて，

## 4.2　強度評価の考え方と安全率

$$t = \mathrm{NORM.S.INV}(p) \tag{4.2.13}$$

から計算する。この $t$ は負の値として求まる。

以上で $S$ を計算するための式が出そろった。式(4.2.3)〜(4.2.7)および式(4.2.11)の6個の式を連立させて整理すると $S$ に関する2次方程式が得られ，それを解くと次式が得られる。

$$S = \frac{1 + \sqrt{1 - (1 - t^2 V_W^2)(1 - t^2 V_L^2)}}{1 - t^2 V_W^2} \tag{4.2.14}$$

この式で $S$ を計算するために必要なものは，次の諸数値である。
① 許容破壊確率　$p$
② 限界値の変動係数　$V_W$
③ 発生応力の変動係数　$V_L$

ちなみに，$S=1$ のとき，破壊確率 $p=0.5$ であり，安全率1で設計すると半分は破壊するという結果に至ることがわかる。

### (2) 限界値と発生応力の分布を対数正規分布と考えた場合

式(4.2.14)は万能ではなく，$t$ と $V$ の積が0.5以上となると不合理な値を示し，1に近づくと使えなくなるのが欠点である。その原因は限界値も発生応力も物理的に負の領域は存在し得ない[注4]のに，正規分布とみなすとその領域までを対象としてしまうためである。そこで負の領域を扱わないためには2つの分布を対数正規分布とみなした扱いも必要であり，以下最低限度必要な定義式と安全率の表示式の結果だけを示す。

対数正規分布の確率密度関数は次式で表される。

$$f(x) = \frac{1}{\sqrt{2\pi}\,\tau\sigma} e^{-\frac{(\ln\sigma - \mu)^2}{2\tau^2}} \tag{4.2.15}$$

---

[注4] 応力は負の値を取り得るが，値が反転することはないという意味に受け止めよう。疲労の場合には正負の値にまたがることも多いが，応力振幅という視点で見た場合にはやはり反転することはない。

### 第4章　強度評価と安全率

ここに

　　$\mu$：分布の中央値（50％点）

$$\mu = \ln\left(\frac{\sigma}{\sqrt{1+V^2}}\right) \tag{4.2.16}$$

　　$\tau$：$\sigma$の対数の標準偏差

$$\tau^2 = \ln(V^2+1) \tag{4.2.17}$$

である。

　安全率の定義は，正規分布の場合と同様に式(*4.2.1*)として[注5]。計算を行うと，次式が得られる。

$$S = \frac{\sqrt{1+V_W^2}}{\sqrt{1+V_L^2}} Exp\left[-t\sqrt{\ln\{(1+V_L^2)(1+V_W^2)\}}\,\right] \tag{4.2.18}$$

---

［注5］式(*4.2.1*)の定義によると，$S=1$の時の破壊確率は0.5にならない。もし0.5になるような定義にしたければ，分布の中央値$\mu$同士の比を用いればよいのだが，どちらを使用しても計算されてくる$S$の値に大きな差はないので，ここでは混乱を避けるために同式の定義を採用した。

## 4.3 限界値と変動係数の入手方法・推定方法

法律上の安全率の規定がない場合には，限界値と変動係数を用いて式(4.2.8)あるいは式(4.2.12)から安全率を計算することができる。

限界値と変動係数は，使用材料についてのデータをメーカーから入手するか，もし入手できない場合には，材料試験を行ってくれる機関に試験を発注して採取すべきである。しかし現実にメーカーから常に入手できる限界値のデータは引張強さぐらいであって，他の限界値も変動係数も不可能なことが多い。また使用材料のすべてについて材料強度試験を発注することなど，通常は所属組織から許してもらえないであろう。

そこで，類似の材料や理論的裏づけに基づき，可能な限りの推定することになるが，幸いに限界値関係の指標は引張強さと強い相関関係があって，推測が可能である。また，変動係数の値も著者の経験や世の中に発表されたデータに基づいてある程度推測できるので，実設計上はあまり困らないのである。以下，それらの推測方法について紹介する。

### 4.3.1 一発破壊の限界値（強度，強さ）の入手方法および推定方法

一発破壊の限界値は一般に強さ（または強度）と呼ばれている量である。強さの代表的なものとしては，引張強さ，圧縮強さ，曲げ強さ，せん断強さ，ねじり強さがある。

引張強さ　$\sigma_B$

金属材料の引張強さについてはメーカーが平均値のデータを持っているので，これだけは容易に入手できる。また非金属の場合も，最近は材料メーカーが自主的に出してくるようになっているので，これも入手が容易である。

引張強さは，これ以降のすべての限界値の推定の基本となるものである。

第4章　強度評価と安全率

　ただし，プラスチックの場合にはベストエフォートの可能性が高く，特に比較的大きな部材の射出成形では部位によって材質のばらつきが発生するので，設計時の利用には要注意である。

圧縮強さ　$\sigma_{Bc}$

　木材やコンクリートなどでは圧縮強さは引張強さに比べてはるかに大きいのが普通だが，通常の工業用材料では，圧縮強さがやや勝るものの，通常は

$$\text{圧縮強さ } \sigma_{Bc} = \text{引張強さ } \sigma_B \tag{4.3.1}$$

とみなして設計している。

　もし圧縮強さの実際の値が必要なら，材料メーカーから入手するか強度試験を行う必要があり，上式以外に推測する方法はない。

曲げ強さ　$\sigma_{Bb}$

　金属材料では板材を除いて曲げ強さが測定されることはまれである。プラスチックでは，板材を用いて曲げ強さの方を基本的な強さとして採取することが多い。これは曲げ試験の方が容易に行えるからである。

　曲げ強さは引張強さからある程度推測が可能である。

　まず延性材では，断面の材質が均一であるならば理論的に

$$\sigma_{Bb} = 1.5 \sigma_B \tag{4.3.2}$$

である。実際に $\sigma_{Bb}$ と $\sigma_B$ の両方が測定されているプラスチック材料は多いが，それらを見てみると上式の関係がよく成り立っている。その理由を図 **4.3.1** に示しているが，板材を曲げモーメント M を掛けて曲げた時，弾性域では同図(a)のような直線状分布であり，この時の表面での曲げ応力 $\sigma_b$ は式(4.3.3)となる。

$$\sigma_b = \frac{6M}{wh^2} \tag{4.3.3}$$

モーメントが増加して断面応力が塑性域に十分奥深く入ると，極限での応力分布は同図(b)のような最大値を $\sigma_B$ とする階段状分布になる。この時のモーメントは負荷できる最大値 $M_{max}$ であるが，その値は，

## 4.3 限界値と変動係数の入手方法・推定方法

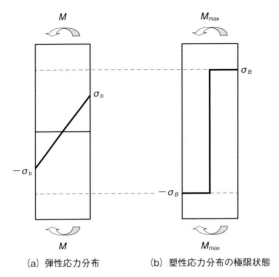

(a) 弾性応力分布　　(b) 塑性応力分布の極限状態

図 4.3.1　板の曲げ応力分布

$$M_{\max} = \frac{wh^2 \sigma_B}{4} \qquad (4.3.4)$$

となるので，このモーメントを式(4.3.3)に代入して曲げ応力を求めたものが曲げ強さ $\sigma_{Bb}$ であり，結果として式(4.3.2)が得られるのである。

脆性材の場合には一般に

$$\sigma_{Bb} = 1.1\sigma_B \sim 1.5\sigma_B \qquad (4.3.5)$$

である。脆性材の曲げでは寸法効果が現れ，板厚が大きいほど，曲げ強さが低く現れるので，採取に用いた試験片の板厚にも注意しておく必要がある。

曲げ強さが測定されている材料で引張強さを推定する場合には，安全を期して式(4.3.2)から計算するとよい。

**せん断強さ　$\tau_B$**

せん断強さは JIS 規格にも測定方法の規定があるが，安定した値が得られないので実際には測定試験もあまり行われていない。しかしねじの破壊や圧縮破壊では，せん断のメカニズムがつきものであるため，その値の推定は重要であ

## 第4章 強度評価と安全率

る。

推定方法としては，引張りまたは圧縮による全面塑性域状態を想定し，その主せん断応力とするのが一般的であり，引張強さの1/2となる。

$$\tau_B = \sigma_B/2 \tag{4.3.6}$$

ねじり強さ　$\tau_{Bt}$

直接測定される場合もあるが，多くは推定によらざるを得ない。

延性材では，断面の材質が均一であるならば理論的に

$$\tau_{Bb} = \frac{2}{3}\sigma_B \tag{4.3.7}$$

である。

また脆性材の場合には

$$\sigma_{Bb} = \sigma_B/\sqrt{3} \sim \frac{2}{3}\sigma_B \tag{4.3.8}$$

と推定される。

### 4.3.2　一発破壊の限界値(強度，強さ)の変動係数の入手方法および推定方法

強さの変動係数については，ほとんど入手不可である。もし測定するにしても2桁の本数の試験片が必要になって躊躇することであろう。

しかし推定は可能である。著者の周囲にいる実際に引張試験を行った経験を持つ人たちは次のような感覚を持っている。

「ある金属材料の引張試験をすると，試験片によって値はばらつくものの，普通は平均値の±5％以内に収まるものだ。たまに100回に1回ぐらいは，その範囲外に飛び出すものが出てくるぐらいだ（=99％は±5％の範囲内に収まる）」

この感覚から金属材料の引張強さの変動係数 $V_W$ が推定できるのである。その過程を紹介しよう。

まず正規分布で99％は±5％の範囲内に収まることから，

$$99\% = \frac{1}{\sqrt{2\pi}} \int_{-0.05/V_W}^{0.05/V_W} e^{-\frac{x^2}{2}} dx \tag{4.3.9}$$

という関係式が成り立つ。Microsoft Excel の NORM.S.INV 関数を利用して，左辺の99％に対する正規偏差 $t$ を求めれば，

$$t = NORM.S.INV\left(\frac{1-0.99}{2}\right) = -2.58 \tag{4.3.10}$$

これが定積分の下界の $-0.05/V_W$ に等しいので，

$$-0.05/V_W = -2.58 \tag{4.3.11}$$

であり，

$$V_W = 1.94\ \% \tag{4.3.12}$$

という値が求まる。

射出成形プラスチック材の場合には，金属の2倍の ±10％程度のばらつきが見込まれるので，

$$V_W = 3.88\ \% \tag{4.3.13}$$

と推定できる。ただし，歯車材などは金属並みの変動係数を示すので式 (4.3.12) の値でよい。

曲げ強さ，せん断強さ，ねじり強さについても，式(4.3.12)および式(4.3.13)と同様と考えてよい。

### 4.3.3 疲労破壊の場合の強度（疲労強度）の入手方法および推定方法

疲労破壊の限界値の中で最も重要なのは疲労限度である。疲労強度を測定するために疲労試験のうち，中でも円形断面の試験片を用いた回転曲げ疲労試験は比較的手軽に実施できるため，金属材料の疲労強度を測定する際の事実上の標準的な試験方法となっている。

**(1) 疲労限度の入手方法および推定方法**

疲労限度の値については，実際のデータを入手することが原則である。代表的な金属材料の疲労試験結果のデータは，例えば独立行政法人物質・材料研究機構（NIMS）のインターネットサイトなどから入手が可能であるが，S-N線

## 第 4 章 強度評価と安全率

図を自分で作成する必要があり，疲労限度の値を決めるのは自分自身で行わなければならない。プラスチックの場合は公表されているデータはまれで，自分が希望するデータの入手はほとんど望めない。

疲労限度の値 $\sigma_w$ は引張強さ $\sigma_B$ と強い正の相関関係（= 比例関係）

$$\sigma_{wb} = C_2 \cdot \sigma_B \tag{4.3.14}$$

にあることが知られている。このことから，S–N 線図の表示の際，縦軸を $\sigma_B$ で割って $\sigma_a/\sigma_B$ で表示することも多い。ただし疲労破壊は表面から始まるため，一発破壊では問題にならない表面状態の影響を受けやすい。このためショットピーニングなどの表面硬化処理を施した部材では，それら処理状態までを含めた推定は極めて困難であり，式(4.3.14)の相関関係から大きく外れることも多いことに注意しよう。

回転曲げの疲労限度 $\sigma_{wb}$ の推定

**図 4.3.2** は鉄鋼材料の直径 10 mm の試験片を用いた回転曲げの疲労限度 $\sigma_{wb}$ と引張強さ $\sigma_B$ の関係を示した有名な図であるが，これから平均直線の $C_2$ の値は次のように求まる。

$$\sigma_{wb}/\sigma_B = C_2 = 0.45 \tag{4.3.15}$$

ただし第 3 章で述べたように回転曲げの疲労強度には寸法効果があり，部材

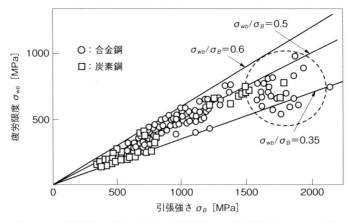

図 4.3.2 鉄鋼材の回転曲げの疲労限度 $\sigma_{wb}$ と引張強さ $\sigma_B$ の関係

## 4.3 限界値と変動係数の入手方法・推定方法

直径が 10 mm よりも大の時には $C_1$ の値は低下するので，寸法効果の表示式を用いて補正する必要がある。寸法効果の表示式を次に再記しておく。

$$\sigma_{wb} = \sigma_w + C_1 \frac{\sigma_B}{\sqrt{d}} \tag{4.3.16}$$

$$C_1 = 0.24\sqrt{mm} \tag{4.3.17}$$

**引張圧縮の疲労限度 $\sigma_w$ の推定**

式(4.3.11)から，回転曲げの疲労限度 $\sigma_{wb}$ の測定値があれば，引張圧縮の疲労限度 $\sigma_w$ が推定できる。

$$\sigma_w = \sigma_{wb} - C_1 \frac{\sigma_B}{\sqrt{d}} \tag{4.3.18}$$

さらに，回転曲げの疲労限度 $\sigma_{wb}$ が引張強さからの推定値である場合には，式(4.3.18)の $\sigma_{wb}$ に式(4.3.14)を代入することによって，$\sigma_w$ は $\sigma_B$ から直接次式で推定できることになる。$\sigma_{wb} = C_2 \cdot \sigma_B$

$$\sigma_w = \left( C_2 - \frac{C_1}{\sqrt{d}} \right) \sigma_B \tag{4.3.19}$$

$\sigma_B$ ではなくて $\sigma_{wb}$ で表すこともできる。

$$\sigma_w = \left( 1 - \frac{C_1}{C_2 \sqrt{d}} \right) \sigma_{Bb} \tag{4.3.20}$$

$d=10$ mm の時，上式は次のようになる。

$$C_2 - \frac{C_1}{\sqrt{d}} = 0.374 \Rightarrow \sigma_w = 0.374 \sigma_B \tag{4.3.21}$$

$$1 - \frac{C_1}{C_2 \sqrt{d}} = 0.831 \Rightarrow \sigma_w = 0.831 \sigma_{wb} \tag{4.3.22}$$

文献2)の引張圧縮の疲労限度が実測されている材料について引張強さとの関係を確認してみると上記の推定式は妥当な値が得られることがわかる。

**ねじりの疲労限度 $\tau_{wt}$ の推定**

断面が円形であるならば，ねじりと回転曲げの応力分布には，半径に比例して線形で増加するという共通点があるので，疲労限度もねじりと回転曲げで同

## 第4章 強度評価と安全率

等と推測できる。ただし応力成分は前者が垂直応力，後者がせん断応力であるため，ミーゼスの応力からねじりの疲労限度 $\tau_{wt}$ と回転曲げの疲労限度 $\sigma_{wb}$ の関係は次のようになる。

$$\tau_{wt} = \sigma_{wb}/\sqrt{3} \tag{4.3.23}$$

また，ねじりの疲労限度が実測されている材料について回転曲げとの関係を確認してみると，上の関係式がよく成り立っていることがわかる。

### (2) S-N 曲線の入手方法および推定方法

S-N 曲線も，代表的な金属材料については NIMS のインターネットサイトなどから入手が可能であるが，プラスチックの場合は極めて困難である。

S-N 曲線のデータがなく，高サイクル領域でのこれを推定するにはバスキン（Basquin）則

$$\frac{\sigma_a}{\sigma_B} = C_4 N^{C_5} \tag{4.3.24}$$

が利用できる。

### 回転曲げの S-N 曲線の推定

回転曲げの疲労限度と引張強さとの関係は，本書では式 (4.3.14) および式 (4.3.15)，すなわち，

$$\sigma_{wb}/\sigma_B = 0.45 \tag{4.3.25}$$

を採用しているが，文献2）や機械工学便覧などでは

$$\sigma_{wb}/\sigma_B = 0.5 \tag{4.3.26}$$

を採用している。この値を図 4.3.3 に示す代表的ないくつかの材料の S-N 曲線中にプロットしてみると，$N=10^6$ における $\sigma_a/\sigma_B$ とみなすと適切であることがわかる。そこで式 (4.3.24) に，

$$N=10^6 \Rightarrow \sigma_a/\sigma_B = 0.5 \tag{4.3.27}$$

を代入すると，

$$C_4 = 0.5 \cdot 10^{-6C_5} \tag{4.3.28}$$

の関係を得る。指数 $C_5$ は，多くの材料で $-0.07 \sim -0.12$ の値をとる定数であ

4.3 限界値と変動係数の入手方法・推定方法

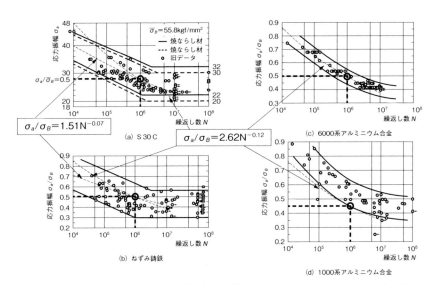

図 4.3.3 代表的な金属材料の回転曲げ $S$-$N$ 線図上における $(N, \sigma_a/\sigma_B) = (10^6, 0.5)$ の点と推測した $S$-$N$ 曲線のあてはめ結果

るが,

鉄鋼系では, $C_5 = -0.07 \Rightarrow C_4 = 1.32$ (4.3.29)

非鉄系では, $C_5 = -0.12 \Rightarrow C_4 = 2.62$ (4.3.30)

と設定すると実データとよく合うようになる。図 4.3.3 の $S$-$N$ 線図には, これらの係数の時の曲線も示した。

もし安全側の値を得たければ, 式(4.3.24)を採用すればよい。

なお, 上の推定式では疲労限度で式(4.3.14)および式(4.3.15)となることを全く考慮していない。もし疲労限度が $N = 10^7$ の時の時間強度と同等として上の推定式を使って求めてみると,

鉄鋼系では, $\sigma_a/\sigma_B = 0.43$ (4.3.31)

非鉄系では, $\sigma_a/\sigma_B = 0.38$ (4.3.32)

となって, 0.5 よりは低い値が得られるが, この方が安全側の値であるので問題はない。

145

## 第 4 章　強度評価と安全率

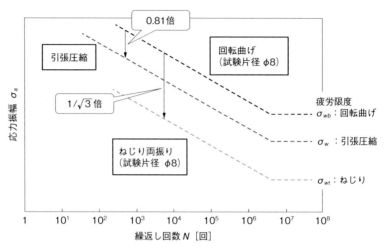

**図 4.3.4　鉄鋼系材料（S25C）の S-N 線図のイメージ**

**引張圧縮の S-N 曲線の推定**

　弾性破壊であれば，疲労限度の場合と同じ換算式が利用できる。すなわち，

$$\frac{\sigma_a}{\sigma_B} = C_4\left(1 - \frac{C_1}{C_2\sqrt{d}}\right)N^{C_5} \tag{4.3.33}$$

**ねじりの S-N 曲線の推定**

　断面が円形であるならば，疲労限度の場合と同様に回転曲げから推測できて次のようになる。

$$\tau_a = \sigma_a/\sqrt{3} \tag{4.3.34}$$

**疲労限度と S-N 曲線の推定の妥当性の確認**

　ここまで推定してきた関係は，NIMS が公開している実データに基づいて検証することができる。図 4.3.4 はその中の S25C のデータである。著作権の関係でイメージ的にしか表示できないが，回転曲げ，引張圧縮，ねじりの各データの間には，確かにここまで導いてきた関係式が成立していることが確認できる。

4.3 限界値と変動係数の入手方法・推定方法

### 4.3.4 疲労破壊の場合の変動係数の入手方法および推定方法

疲労限度の変動係数

疲労限度の変動係数については,測定値か推定値かによって大きく異なってくる。

測定値の場合

図 4.3.5 に炭素鋼の S-N 線図を示す。元データが不明なため,この図から $N=10^7$ 回における応力振幅の平均値(258MPa)と,$P=0.01$($t=-2.33$)に対する値(245MPa)を読み取る。これらの幅が 13MPa(=5.04%)であることから変動係数 $V_W$ は 2.2% と求まる。しかし,この値は強さの変動係数 1.94% の推定値と有意差があるとは考えにくい。すなわち実測された疲労限度の変動係数は

$$V_W = 1.94\% \tag{4.3.35}$$

であると考えてよいであろう。

プラスチックの場合には公開された信頼できるデータが極めて少なく推測に

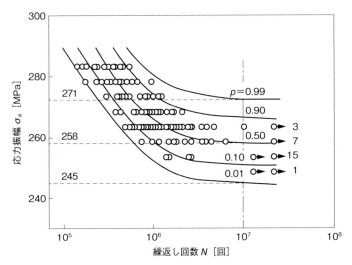

図 4.3.5 炭素鋼 S25C の S-N 曲線と同一繰返し回数に対する破壊確率 $p$[4]

## 第4章 強度評価と安全率

頼らざるを得ないが,静的強さと同等と考えれば,

$$V_W = 3.88\%  \tag{4.3.36}$$

となる。

### 推定値の場合

疲労限度を推定で求めた場合には,図4.3.3を元データとしているので,ここから $V_W$ も推定できる。同図の点群の上限ラインの傾きを0.6,下限のそれを0.3とすると,平均値 $0.45 \pm 0.15$($=33.3\%$)の間に98%のデータが入るので,

$$V_W = 14.3\%  \tag{4.3.37}$$

が求まる。

またプラスチックの場合は,これまでと同様に金属の2倍と推定すれば,

$$V_W = 28.6\%  \tag{4.3.38}$$

となる。

これらの値は強さの変動係数に比べるとかなり大きいが,それは複数の材料を併せたデータに対するものだからである。

引張圧縮・ねじりの変動係数についても,回転曲げと同様と考えられる。

### S-N曲線の変動係数

S-N曲線の変動係数については,高サイクル領域である限り疲労限度の変動係数と同等と考えられるので,式(4.3.35)～式(4.3.38)が適用できると考えてよい。

## 4.4 発生応力の変動係数の入手方法・推定方法

　発生応力の値については，設計する者の責任として実測するか，製品仕様として荷重の上限値を規定するかのどちらかで把握を行う必要がある。

　部材寸法については，寸法公差のばらつきとして変動係数の方で考慮するよりは，部材の仕上がり寸法の癖[注6]を見抜いて，安全側の寸法で応力評価を行う方がよい。

　変動係数 $V_L$ については，荷重の変動を実測を行えば求まるはずだが，それは理屈であって決して簡単ではない。そこで天下り的ではあるが，$V_L$ が2%と20%という2種類の状態について，それらがどのようなものか，少し考察してみよう。

$V_L$＝2%の状態

　引張強さの変動係数を1.94%と推定したところで見たように，この変動係数は「通常は平均値の ±5% 以内に収まり，たまに100回に1回くらいはこの範囲外のものが現れる」という程度のばらつきを表している。

$V_L$＝20%の状態

　この変動係数は「平均値の ±50% 以内に収まり，たまに100回に1回ぐらいはこの範囲外のものが現れる」というばらつきを表していて，これは日常の感覚から見ても最大級のばらつきと言える。

　したがって，通常の機械装置の設計においては20%を超えるような変動係数を想定する必要はないと思われる。

---

［注6］例えば板金を購入手配した時，板厚に ± の公差を指定しても，＋側のものが入荷してくることはまずなく，通常は薄い側のものが入荷してくるものである。

第4章　強度評価と安全率

## 4.5　安全率の具体的な値

　法律や業界基準がない場合には，以上示した変動係数の推定値を用いて安全率を計算すればよい。

　表4.5.1には，これまでに推定して得た変動係数を用いて安全率を計算した結果を示した。上側が正規分布としての取り扱いの式(4.2.14)，下側のカッコ内の数値が対数正規分布としての取り扱いの式(4.2.18)を用いて計算した結果である。

　正規分布と対数正規分布の違いについては，変動係数が小さい時は両者に差はないが，大きくなると違いが現れ，正規分布では計算できない組み合わせも生じる。

　疲労破壊の場合に $V_L=0$ としているのは，既に記載したとおり，変動係数として考慮するのではなく，変動荷重振幅として考慮するのが通常の取り扱い方だからである。

　この表を参考にして，自分の設計対象の条件に合わせて設定するとよい。

表4.5.1　安全率の計算例（カッコ内は対数正規分布として計算した場合）

| | | 一発破壊用 | | | | 疲労破壊用 | | | |
|---|---|---|---|---|---|---|---|---|---|
| 変動係数 $V_L$ | | 2% | 2% | 20% | 20% | 0% | 0% | 0% | 0% |
| 変動係数 $V_W$ | | 1.94% | 3.88% | 1.94% | 3.88% | 1.94% | 3.88% | 14.3% | 28.6% |
| 破壊確率 $p$ | $1\times10^{-2}$ | 1.07 (1.07) | 1.11 (1.11) | 1.47 (1.56) | 1.48 (1.57) | 1.05 (1.05) | 1.10 (1.10) | 1.50 (1.41) | 2.99 (2.00.) |
| | $1\times10^{-3}$ | 1.09 (1.09) | 1.15 (1.14) | 1.63 (1.81) | 1.65 (1.83) | 1.06 (1.06) | 1.14 (1.13) | 1.79 (1.57) | 8.61 (2.47) |
| | $1\times10^{-4}$ | 1.11 (1.11) | 1.19 (1.18) | 1.75 (2.06) | 1.79 (2.08) | 1.08 (1.08) | 1.17 (1.16) | 2.14 (1.71) | — (2.95) |
| | $1\times10^{-5}$ | 1.13 (1.13) | 1.22 (1.21) | 1.87 (2.29) | 1.91 (2.32) | 1.09 (1.09) | 1.20 (1.18) | 2.56 (1.85) | — (3.44) |
| | $1\times10^{-6}$ | 1.14 (1.14) | 1.25 (1.23) | 1.97 (2.53) | 2.02 (2.56) | 1.10 (1.10) | 1.23 (1.20) | 3.12 (1.99) | — (3.94) |

# 4.6 安全率についての間違い

時々「うちの製品は安全率を大きく取って設計しているので，他社より信頼できます！」と自慢げにいう声を聞くが，果たして安全率を大きく取ると本当に安全が確保できていることになるのだろうか。

実は，安全率は言い換えれば「不確定要素の大きさ」を表すので，「$S$が大きい」ということはは，「製品の強度への影響因子が分析しきれていない」と言っているのである。したがって安全率が大きいことは，決して技術力の誇示には結びつかないのである。

また，安全率に応力集中による強度低下率$\beta$までを含めて考えるため，$S$を常に3以上に設定している設計者が見受けられる。今から1世紀以上前に提案されたアンウィン（Unwin）の安全率がそのベースにあるようであるが，これは設計への影響因子の分析という点では好ましくない。安全率に強度低下率を含める流儀はこれを機会に改めるとよい。

**参考文献**
1）独立行政法人物質・材料研究機構（NIMS）のインターネットサイト
2）日本機械学会「疲労強度の設計資料」
3）日本材料学会「金属材料疲労強度データベース」
4）日本機械学会「機械工学便覧　基礎編―材料力学」

# 第5章

# 応力解析のための CAE 理論

# 第5章 応力解析のためのCAE理論

## 5.1 FEMの内部処理

### 5.1.1 FEMで解いている方程式

FEMで解いている方程式は，式(5.1.1)に示す運動方程式である。

$$F = k\delta + c\dot{\delta} + m\ddot{\delta} \tag{5.1.1}$$

モーダル解析（固有振動解析）では，速度項を省略した式(5.1.2)を解く。

$$F = k\delta + m\ddot{\delta} \tag{5.1.2}$$

また，静解析では加速度項も除外して，式(5.1.3)のばねの方程式を対象として解く。

$$F = k\delta \tag{5.1.3}$$

以下，説明の複雑化を避けるために，静解析に焦点を絞る。

静解析で解くべき方程式は式(5.1.3)なのであるが，ここで問題となるのが式の中の$k$の値である。梁構造だと，1本の梁の力と変位の関係式がわかっているので，それらを連立させて解けばよい。しかし図5.1.1 (a)のような一般形状の構造物では簡単に決めることができない。そこで次に示すような考え方で決める方法が考案された。これがFEMである。

① 構造物を要素と呼ぶ単純で小さな形状の領域に分割する（図5.1.1 (b)）
② 要素同士は節点と呼ぶ点を通じて力や変位の伝達を行う
③ 要素の内部の変位分布を表すために，簡単な関数形（変位関数）を仮定する

例：

$$u_x = a_1 + b_1 x + c_1 y + d_1 xy$$
$$u_y = a_2 + b_2 x + c_2 y + d_2 xy \tag{5.1.4}$$

④ 変位関数をもとに，要素に所属する節点間のばね定数を決定する

5.1 FEM の内部処理

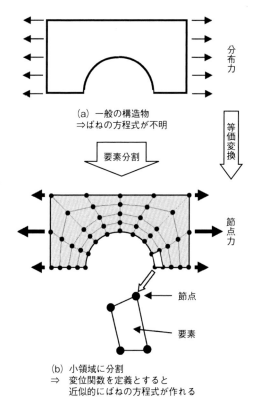

(a) 一般の構造物
⇒ばねの方程式が不明

(b) 小領域に分割
⇒ 変位関数を定義とすると
近似的にばねの方程式が作れる

図 5.1.1　FEM の要素・節点と要素分割

⑤　分布荷重はこれと等価な節点荷重に換算する

式 (5.1.3) の荷重と変位の関係は，図 5.1.1 (b) のような 2 次元問題の一般論になると $x, y$ の 2 方向に発生する（要するに節点が 2 自由度を持つ）ことを考えなければならず，この時点で 2 元連立方程式になる。さらに節点が複数になると，節点数×自由度の元数の連立方程式になる。そこで，元数に依存しないようにばねの方程式は一般にはベクトルとマトリクスを用いて，次のように表示される。

$$\{F\}=[K]\{\delta\} \tag{5.1.5}$$

これを剛性方程式，式中の $[K]$ を剛性マトリクス（ばね定数と同じ），$\{F\}$

と $\{\delta\}$ をそれぞれ荷重ベクトル,変位ベクトルと呼ぶ。

### 5.1.2　FEM の内部処理

**(1) 要素の剛性マトリクスは,どうやって作るか？**

静解析の場合について,剛性方程式の誘導の仕方を説明する。ここではすべて要素単位で考えるので,荷重も変位もその要素に関するものだけを対象としている意味で,$\{F^e\}$,$\{\delta^e\}$ などと書く。

① 外部仕事（外部エネルギー）

構造物は,外力 $\{F^e\}$ が作用すると,その作用点には変位 $\{\delta^e\}$ が生じる。構造物が弾性状態にあるとして,作用した外力が構造物に与えたエネルギー $W_o^e$ は次式で表すことができる。これを外部仕事という。

$$W_o^e = \frac{1}{2}\{F^e\}^T\{\delta^e\} \tag{5.1.6}$$

② 内部仕事（内部エネルギー）

一方で,外力 $\{F^e\}$ が作用すると,内部には応力 $\{\sigma\}$ と変形（＝ひずみ）$\{\varepsilon\}$ が生じ,この積を体積 $V$ の全体にわたって積分したエネルギー $W_i^e$ が蓄積される。

$$W_i^e = \frac{1}{2}\int \{\sigma\}^T\{\varepsilon\}dV \tag{5.1.7}$$

この式の $\{\sigma\}$ にフックの法則

$$\{\sigma\}=[D]\{\varepsilon\} \tag{5.1.8}$$

を代入し,さらに後述するひずみと変位の関係式

$$\{\varepsilon\}=[B]\{\delta^e\} \tag{5.1.9}$$

を代入すれば,

$$W_i^e = \frac{1}{2}\{\delta^e\}^T \int [B]^T[D][B]dV\{\delta^e\} \tag{5.1.10}$$

を得る。

$[B]$ マトリクスについては,本節の最後に解説する。

## 5.1 FEMの内部処理

③ 等価仕事の原理の適用（外部仕事と内部仕事は等しい）

弾性変形ではエネルギー損失がないので，内部仕事 $W_i^e$ は外部仕事 $W_o^e$ に一致する．したがって式(5.1.6)と(5.1.10)を等置すると次式を得る．

$$\underline{\{F^e\}^T}\{\delta^e\} = \{\delta^e\}^T \underline{\int [B]^T[D][B]dV \{\delta^e\}} \tag{5.1.11}$$

この関係は，発生変位がどのような値であっても成り立たなければならないので，$\{\delta^e\}$ を除去したアンダーライン部も等しくならなければならない．

したがって，

$$\{F^e\}^T = \{\delta^e\}^T \int [B]^T[D][B]dV \tag{5.1.12}$$

両辺の転置を取り，積分部分を $[K^e]$ と置けば最終的に次式を得る．

$\{F^e\} = [K^e]\{\delta^e\}$

$$[K^e] = \int [B]^T[D][B]dV \tag{5.1.13}$$

これが剛性方程式であり，$[K^e]$ が要素剛性マトリクスである．

**(2) 振動解析では，どんな方程式になるか？**

振動解析ではモーダル解析（固有振動数解析）が基本となる．モーダル解析では，運動方程式

$$\{F\} = [K]\{\delta\} + [C]\{\dot{\delta}\} + [M]\{\ddot{\delta}\} \tag{5.1.14}$$

において，$\{F\} = 0$ と置き，かつ $[C]\{\dot{\delta}\}$ の項を省略して扱う．要素単位での式を書けば，

$[K^e]\{\delta^e\} + [M^e]\{\ddot{\delta}^e\} = 0$

$$[M^e] = \iiint [N]^T \rho [N] dV \tag{5.1.15}$$

ここに $\rho$ は要素材料の密度，$[N]$ は後述のように変位関数の標準形の中に現れるマトリクスである．

固有振動数での振動の場合には，$\omega$ を角速度として，式(5.1.15)は必ず，

$$\{\delta^e\} = \{\delta_0^e\} \sin \omega t \tag{5.1.16}$$

の形の解を持つので，これを代入すると，

$$([K^e] - \omega^2 [M^e])\{\delta_0^e\} \sin \omega t = 0 \tag{5.1.17}$$

となり，

$$|[K^e] - \omega^2 [M^e]| = 0 \tag{5.1.18}$$

という固有値問題に帰着される．

### 5.1.3 簡単な具体例での剛性方程式

　静解析の場合の仮想仕事の原理の適用に関する理解を深めるために，図5.1.2 に示す 1 本の棒の引張りの問題について，この棒を要素と考えて剛性方程式を導いてみよう．

　棒を左右に $F_1$, $F_2$ という力で引張ると，左右の各端はそれぞれ変位する．棒は決して左右に均等に伸びるわけではないことに注意が必要である．力の符号は初等材料力学流に一対の力を反対向きの矢印で表示しているが，実際の値を代入する時には，

- ・力と変位
  　座標軸の正の向きが正
- ・モーメントと回転
  　座標軸の正の向きに右ねじの回転で進む時が正

という約束事に従う必要がある．したがって力の釣り合いから $F_2$ が正なら $F_1$ は負である．

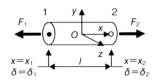

図 5.1.2　1 本の棒の引張り

## 5.1 FEMの内部処理

### (1) 棒の変位関数と，[N]，[B]マトリクスの誘導

この棒の中の変位を，式(5.1.19)のように$x$の一次関数で近似するとしよう。近似とは言うものの，棒や梁の場合には，仮定した変位関数が厳密解と一致するものになる。$x$方向の変位にのみ注目し，これを単に$\delta$と書く。

$$\delta = a + bx \quad (a, b \text{は未知定数}) \tag{5.1.19}$$

ここで，$a, b$という物理的意味のない未知定数を，次の関係を利用して意味の明確な両端の節点の変位 $\delta_1, \delta_2$ で置き換える。

$x = x_1$ で $\delta = \delta_1$ だから，$\delta_1 = a + bx_1$

$x = x_2$ で $\delta = \delta_2$ だから，$\delta_2 = a + bx_2$ \tag{5.1.20}

以上両式より，$a, b$ が $\delta_1, \delta_2$ で表されて

$$a = \frac{x_2 \delta_1 - x_1 \delta_2}{l}, \quad b = \frac{\delta_2 - \delta_1}{l} \tag{5.1.21}$$

となり，変位関数は次式のようになる。

$$\delta = \frac{x_2 - x}{l}\delta_1 + \frac{x - x_1}{l}\delta_2 = \left\{\frac{x_2 - x}{l} \quad \frac{x - x_1}{l}\right\}\begin{Bmatrix}\delta_1\\\delta_2\end{Bmatrix} = [N]\{\delta^e\} \tag{5.1.22}$$

このように変位関数を節点変位を未定係数として表したものを変位関数の標準形と呼んでいる。

ひずみは変位を$x$で偏微分して得られるので，次式のようになる。

$$\varepsilon_x = \frac{\partial \delta}{\partial x} = -\frac{1}{l}\delta_1 + \frac{1}{l}\delta_2 = \left\{-\frac{1}{l} \quad \frac{1}{l}\right\}\begin{Bmatrix}\delta_1\\\delta_2\end{Bmatrix} = [B]\{\delta^e\} \tag{5.1.23}$$

この要素の $[N]$ と $[B]$ の各マトリクスは，1行2列のマトリクス，要するに事実上のベクトルになっている。

### (2) 要素の外部仕事 $W_o^e$

棒要素の $\{F^e\}$ による外部仕事 $W_o^e$ は次のようになる。

$$W_o^e = \frac{1}{2}\{F^e\}^T\{\delta^e\} = \frac{1}{2}\{F_1, F_2\}\begin{Bmatrix}\delta_1\\\delta_2\end{Bmatrix} \tag{5.1.24}$$

## 第 5 章　応力解析のための CAE 理論

### (3) 内部仕事 $W_i^e$

一方，棒の内部には $x$ 方向応力 $\sigma_x$ と，$\sigma_x$ に誘発されるひずみ $\varepsilon_x$, $\varepsilon_y$, $\varepsilon_z$ が発生する。これらの応力とひずみによって発生する内部仕事 $W_i^e$ は，これらの積を体積にわたって積分したものとなるが，応力もひずみも至る所一定のため，単にこれらの積に体積を掛けたものとなる。

（$A$ は棒の断面積，$E$ は縦弾性係数）

$$W_i^e = \frac{1}{2}\int \{\sigma_x, \ \sigma_y, \ \sigma_z\} \begin{Bmatrix} \varepsilon_x \\ \varepsilon_y \\ \varepsilon_z \end{Bmatrix} dV = \frac{1}{2}\sigma_x \varepsilon_x Al = \frac{1}{2} E\varepsilon_x^2 Al \left(= \frac{1}{2}\varepsilon_x E \varepsilon_x Al\right)$$

(5.1.25)

ここに式(5.1.23)の関係を代入すれば，次式を得る。

$$W_i^e = \frac{1}{2}\{\delta^e\}[B]^T E[B]\{\delta^e\} = \frac{E}{2}\{\delta_1 \ \ \delta_2\} \begin{Bmatrix} -\dfrac{1}{l} \\ \dfrac{1}{l} \end{Bmatrix} \left\{-\dfrac{1}{l} \ \ \dfrac{1}{l}\right\} \begin{Bmatrix} \delta_1 \\ \delta_2 \end{Bmatrix} Al$$

$$= \frac{EA}{2}\{\delta_1 \ \ \delta_2\} \begin{bmatrix} \dfrac{1}{l} & -\dfrac{1}{l} \\ -\dfrac{1}{l} & \dfrac{1}{l} \end{bmatrix} \begin{Bmatrix} \delta_1 \\ \delta_2 \end{Bmatrix}$$

(5.1.26)

### (4) 外部仕事＝内部仕事

ここで外部仕事と内部仕事を等置すると，式(5.1.27)を得る。

$$\{F_1, \ F_2\} \begin{Bmatrix} \delta_1 \\ \delta_2 \end{Bmatrix} = EA\{\delta_1 \ \ \delta_2\} \begin{bmatrix} \dfrac{1}{l} & -\dfrac{1}{l} \\ -\dfrac{1}{l} & \dfrac{1}{l} \end{bmatrix} \begin{Bmatrix} \delta_1 \\ \delta_2 \end{Bmatrix}$$

(5.1.27)

この式は $\delta_1$, $\delta_2$ がどのような値であっても成り立たなければならないことから，次の要素剛性方程式(5.1.28)が得られる。

## 5.1 FEMの内部処理

$$\begin{Bmatrix} F_1 \\ F_2 \end{Bmatrix} = EA \begin{bmatrix} \dfrac{1}{l} & -\dfrac{1}{l} \\ -\dfrac{1}{l} & \dfrac{1}{l} \end{bmatrix} \begin{Bmatrix} \delta_1 \\ \delta_2 \end{Bmatrix} \tag{5.1.28}$$

$$\underset{\{F^e\}}{\Uparrow} \qquad \underset{[K]}{\Uparrow} \qquad \underset{\{\delta^e\}}{\Uparrow}$$

この剛性方程式をマトリクスを使わずに書き表すと，次の2つの式になる．

$$F_1 = \frac{EA}{l}(\delta_1 - \delta_2)$$

$$F_2 = -\frac{EA}{l}(\delta_1 - \delta_2) \tag{5.1.29}$$

式(5.1.29)をよく眺めると，2つの式が独立ではないことがわかる．要するに，解が一意に決まらず，もし解を得たければ，$\delta_1$か$\delta_2$のどちらかの値を人為的に決めなければならない．通常は$\delta_1$または$\delta_2$=0と置くのが自然で，これはその点の動きを固定して止めることを意味する．また固定した自由度では，いわゆる反力を発生することになるため，その荷重値は未知数となる．

そこでいま節点1を固定，すなわち$\delta_1$=0と置くことにすると，式(5.1.29)の第1式は$F_1$が未知の反力となって現時点では利用できないため第2式を用いると$\delta_2$が求まり，

$$F_2 = \frac{EA}{l}\delta_2 \Leftrightarrow \delta_2 = \frac{F_2 l}{EA} \tag{5.1.30}$$

となる．これを第1式に代入することによって，固定した節点1での反力も求まる．

$$F_1 = -F_2 \tag{5.1.31}$$

このように，反力というものは，剛性方程式を解いて未知変位を求めた後に，求めることができる．

### (5) 要素が複数ある場合

図5.1.3のように，部材が2個ある場合には，まず個々の部材について要素

## 第 5 章　応力解析のための CAE 理論

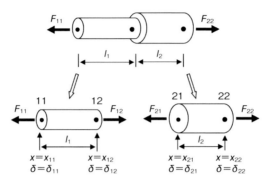

**図 5.1.3　2 本の直列棒の引張り**

剛性方程式を組み立てる。

$$\begin{Bmatrix} F_{11} \\ F_{12} \end{Bmatrix} = E_1 A_1 \begin{bmatrix} \dfrac{1}{l_1} & -\dfrac{1}{l_1} \\ -\dfrac{1}{l_1} & \dfrac{1}{l_1} \end{bmatrix} \begin{Bmatrix} \delta_{11} \\ \delta_{12} \end{Bmatrix}$$

$$\begin{Bmatrix} F_{21} \\ F_{22} \end{Bmatrix} = E_2 A_2 \begin{bmatrix} \dfrac{1}{l_2} & -\dfrac{1}{l_2} \\ -\dfrac{1}{l_2} & \dfrac{1}{l_2} \end{bmatrix} \begin{Bmatrix} \delta_{21} \\ \delta_{22} \end{Bmatrix} \qquad (5.1.32)$$

次に，共有する節点では，

- 力は和になる　　$F_{12} + F_{21} = F_2$
- 変位は等しい　　$\delta_{21} = \delta_{12} = \delta_2$ 　　　　　　　　　　　　　(5.1.33)

という関係が成り立つことを利用して両式を組み合わせると，

$$\begin{Bmatrix} F_1 \\ F_2 \\ F_3 \end{Bmatrix} = \begin{bmatrix} \dfrac{E_1 A_1}{l_1} & -\dfrac{E_1 A_1}{l_1} & 0 \\ -\dfrac{E_1 A_1}{l_1} & \dfrac{E_1 A_1}{l_1} + \dfrac{E_2 A_2}{l_2} & -\dfrac{E_2 A_2}{l_2} \\ 0 & -\dfrac{E_2 A_2}{l_2} & \dfrac{E_2 A_2}{l_2} \end{bmatrix} \begin{Bmatrix} \delta_1 \\ \delta_2 \\ \delta_3 \end{Bmatrix} \qquad (5.1.34)$$

が得られる。この式も，2 行目が 1 行目と 3 行目の和の符号を反転させたものとなっていて独立ではないので，このままでは解けない。要は，剛性方程式というものは必ず自由度ごとに最低 1 個の値を決めてやらなければならない。剛

5.1 FEMの内部処理

表 5.1.1 剛性方程式の性質

| | 棒1本の場合 | 一般の問題の場合 | |
|---|---|---|---|
| | | 厳密に言うと | 一般的に言うと |
| 性質1 | 2つの式は独立ではない | 剛性方程式は，6個の自由度のうち，各1個は値を決めてやらなければ，値が定まらない | 変位も回転も各方向成分を最低1個は拘束しなければ解けない |
| 性質2 | $F_1+F_2 \neq 0$ の時には解が存在しない | 剛性方程式は，力が釣合いの状態になければ解けない | 材料力学で扱うのは，釣合った力の状態だけである |

性方程式の性質をまとめて表 5.1.1 に示す。

なお，節点2に作用する力は，実際に力が作用していなければ力の釣合いにより0である。

### 5.1.4 ユーザーから見たFEMの処理の流れ

ここで一度，FEMを利用する側の視点に立って，FEMの処理の全体の流れを表 5.1.2 に示す。右欄の主要な数値計算に記載した項目がCAEユーザーとしてある程度理解しておくべき内容であり，第5章の狙いでもある。

同表のFEM演算部についてコメントが2つある。

① この処理内容が目に見えるわけではなく，ユーザーにとっては待ち時間となる。

② 「要素内部の変位分布を簡単な関数で表示」という項目では，実際には変位関数はあらかじめ要素ごとに適切なものが作成されていて，それを演算に用いるようになっている。だからここで変位関数の作成作業を行うわけではない。

### 5.1.5 Bマトリクスについて

Bマトリクスは，ひずみの定義式をFEMに適した形に書き直すと現れるマトリクスである。

ひずみの定義式は第2章に示したが，初期ひずみを0としてこれを偏微分演算と変位の積で表示すると式(5.1.35)のように書ける。

# 第 5 章　応力解析のための CAE 理論

### 表 5.1.2　FEM の利用に当たって知っておくべき処理の流れと FEM での数値計算

| | | 操作・処理内容 | 主要な数値計算 |
|---|---|---|---|
| 1.データ入力部 | ① | 構造物の形状を定義 | |
| | ② | 分割に使用する要素を選択 | |
| | ③ | 要素の補助情報を定義<br>（シェル⇒板厚，梁⇒断面積，断面 2 次モーメントなど） | |
| | ④ | 部品ごとに材料定数を定義 | |
| | ⑤ | 荷重を定義 | |
| | ⑥ | 拘束を定義 | |
| | ⑦ | 構造物を部品ごとに，指定する要素で分割 | |
| 2.FEM 演算部 | — | 要素・節点の番号を入力順・番号順から処理順に並べ換え | |
| | ① | （要素内部の変位分布を簡単な関数で表示） | 要素，変位関数 |
| | ② | 要素ごとに，要素剛性方程式を作成 | 要素剛性マトリクス |
| | ③ | 要素ごとに分布荷重を等価な節点荷重に置き換え（②と③では，積分操作が行われる） | 等価節点荷重，数値積分，積分点 |
| | ④ | ②③を寄せ集めて，全体の剛性方程式を組み立て，外力と拘束を付加 | 全体剛性マトリクス |
| | ⑤ | 指定された解法に従って連立方程式を解き，変位と反力を計算 | 連立方程式の解法 |
| 3.出力部 | ① | 要素ごとに，ひずみと応力を計算，節点に外挿 | 要素応力，（要素ひずみ） |
| | ② | 節点を共有する要素のひずみと応力の平均値を計算 | 節点平均応力，（節点平均ひずみ） |
| | ③ | リクエストに応じて，コンター図表示やリスト出力 | |

## 5.1 FEMの内部処理

$$\begin{Bmatrix} \varepsilon_x \\ \varepsilon_y \\ \varepsilon_z \\ \gamma_{xy} \\ \gamma_{yz} \\ \gamma_{zx} \end{Bmatrix} = \begin{bmatrix} \frac{\partial}{\partial x} & 0 & 0 \\ 0 & \frac{\partial}{\partial y} & 0 \\ 0 & 0 & \frac{\partial}{\partial z} \\ \frac{\partial}{\partial y} & \frac{\partial}{\partial x} & 0 \\ 0 & \frac{\partial}{\partial z} & \frac{\partial}{\partial y} \\ \frac{\partial}{\partial z} & 0 & \frac{\partial}{\partial x} \end{bmatrix} \begin{Bmatrix} \delta_x \\ \delta_y \\ \delta_z \end{Bmatrix} \tag{5.1.35}$$

この式は、左辺を $\{\varepsilon\}$、右辺の変位ベクトルを $\{\delta\}$、偏微分演算マトリクスを $[\partial]$ と書けば、

$$\{\varepsilon\} = [\partial]\{\delta\} \tag{5.1.36}$$

と表すことができる。

変位ベクトル $\{\delta\}$ は要素内の変位分布を表す関数（変位関数）であるが、要素に所属する節点の変位値を集めて成分としたベクトル $\{\delta^e\}$ を用いて、

$$\{\delta\} = [N]\{\delta^e\} \tag{5.1.37}$$

と表せる。$[N]$ は変位関数の標準形のマトリクスである。式 (5.1.37) を式 (5.1.36) に代入すると次式を得る。

$$\{\varepsilon\} = [\partial][N]\{\delta^e\} = [B]\{\delta^e\}$$

$$[B] = [\partial][N] \tag{5.1.38}$$

が得られる。これがFEMで用いるひずみの定義式の形で、Bマトリクスとは簡単に言えば、変位関数を座標で偏微分してできるマトリクスである。

第 5 章 応力解析のための CAE 理論

## 5.2 要素と変位関数

### 5.2.1 要素の役割

　構造物全体の挙動を 1 つの関数で表現するのは非常に困難である。そこで FEM では，構造物の挙動を要素と呼ぶ単純な形状に分割し，その要素内では変位分布を単純な関数で表現して，全体の挙動を表現しようと考える。近似の精度を高めたい場合には，分割を細かくしていけばよい[注1]。例を挙げれば，図 5.2.1 (a) に示すような曲線 $\delta=f(x)$ の具体的な関数形がわからない時，$x$ を小区間に分割して，各小区間を折れ線（1 次関数）で近似した時のイメージである。区間の分割数が粗い時は近似の度合いは良くなくても，この区間を細かくしていけばいくほど，近似度は向上していくことになる。

　ところで構造物の挙動と言っても，これを表す量としては変位や応力やひずみなどが考えられる。第 2 章で見たようにこれらの量にはお互い関連があるので，すべてを同時に未知数として扱うことはできない。そこでどれかを選ぶ必要があり，1980 年代半ば頃までは，何がよいかの研究もなされてきた。しかし今では汎用性の観点から，変位を未知数として次の形の方程式(5.2.1)を作って解く方式に落ち着いた。これを変位法と呼んでいる。

---

［注 1］細かくしていくと，誤差が小さくなっていく。ただし，細かくするごとに正解に近づいていくという保証を得るためには，分割を"規則的に"細かくしていくという制約が付く。最近の設計者向け CAE ツールと称するものは，自動的に応力集中部のみを細かく分割していく機能が付いていることが多いが，これでは真の解に到達する保証はないので要注意である。ただし，この機能にはそれなりの使い道はある。

## 5.2 要素と変位関数

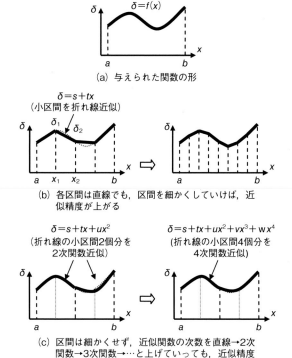

図 5.2.1 複雑な関数形の,簡単な関数による近似

$$\{F\} = [K]\{\delta\} \tag{5.2.1}$$

変位法の利点は,様々な要素が混じった構造を取り扱えることにある。

### 5.2.2 要素の変位関数の仮定の仕方

図 5.2.1 (a) に示すような直線上の区間 $a \leq x \leq b$ で,1 方向にだけ変位分布 $\delta = f(x)$ が発生しているとしよう。この変位分布を図 5.2.1 (b) のように折れ線 (1 次関数) 近似したとすると,それぞれの線分が要素である。またこの要素は変位 $\delta$ の 1 成分だけで挙動を表すことができるので,要素自由度は 1 であるという。

線分を表示する式は係数 2 個を使って次式 (5.2.2) のように表すことができる。

$$\delta = c_1 + c_2 x \tag{5.2.2}$$

($c_1$, $c_2$ は未定係数)

この未定係数は物理的意味が不明のため，これを意味が明確な量に置き換える。この操作は式(5.1.20)から式(5.1.22)と同じであるため，結果の式(5.1.22)だけを再記しておく。

$$\delta = \frac{x_2-x}{l}\delta_1 + \frac{x-x_1}{l}\delta_2 = \begin{Bmatrix} \dfrac{x_2-x}{l} & \dfrac{x-x_1}{l} \end{Bmatrix} \begin{Bmatrix} \delta_1 \\ \delta_2 \end{Bmatrix} = [N]\{\delta^e\} \tag{5.1.22}$$

もし小区間を1次関数でなく2次関数で近似しようとすれば，小区間の両端点と区間内にもう1点（計3点）取ることによって，

$$\delta = c_1 + c_2 x + c_3 x^2 \tag{5.2.3}$$

と表すことができる。理屈の上では，さらに3次・4次の関数で近似することも考えられるが，FEMの世界では実用的な観点から1次または2次関数近似どまりである。近似の精度を上げるためには，区間分割数を増やしていけばよい。その際，線形解析では，一般に1次関数近似で細かくしていくよりも，2次関数で近似して細かくしていく方が同じ点数であっても解析精度がずっと高くなる。

### 5.2.3 変位関数の資格

変位関数は，要素節点数と未知数が一致していればよいというものではなく，下記のようないくつかの制約条件が課される。

① 剛体変位と剛体回転に対して，ひずみが発生しないこと
② 一定ひずみの状態が表現できること
③ 隣合う要素の境界辺（面）上の変位は，その辺（面）上のすべての点で等しいこと。つまり，隣合う要素の境界辺（面）上の変位は，その辺（面）上の節点変位だけで表現できること
④ シェル要素では，隣合う要素の境界辺（面）上の回転は，その辺（面）上のすべての点で等しいこと（これを満足する要素を"適合要素"と呼ぶ）
④' ④に代わり，次の緩和条件が適用されることがある。隣合う要素の境

界辺（面）上の回転は，その辺（面）上の節点で等しいこと（これを満足する要素を"非適合要素"と呼ぶ）

これらの制約のために，変位関数とそれに適応する要素の形状や節点数は，ほぼ自動的に決まり，任意に選ぶことはできない．

### 5.2.4 いろいろな要素と変位関数の例

#### (1) 三角形1次要素（図5.2.2）

三角形1次要素は，変位関数が式(5.2.4)の形となるような2次元問題用の要素である．

$$\begin{cases} \delta_x = c_1 + c_2 x + c_3 y \\ \delta_y = d_1 + d_2 x + d_3 y \end{cases} \tag{5.2.4}$$

この要素の変位関数の標準形を導いておく．まず$\delta_x$について，式(5.1.22)を導いた時と同様に，未定係数$c_1 \sim c_3$を$\delta_{x1} \sim \delta_{x3}$で置き換えると，式(5.2.4)は式(5.2.5)となる．

$$\delta_x = \frac{1}{2\Delta} \begin{bmatrix} \{(x_2 y_3 - x_3 y_2) + (y_2 - y_3)x + (x_3 - x_2)y\}\delta_{x1} \\ +\{(x_3 y_1 - x_1 y_3) + (y_3 - y_1)x + (x_1 - x_3)y\}\delta_{x2} \\ +\{(x_1 y_2 - x_2 y_1) + (y_1 - y_2)x + (x_2 - x_1)y\}\delta_{x3} \end{bmatrix} \tag{5.2.5}$$

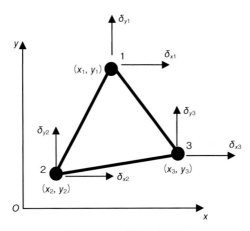

図5.2.2　三角形1次要素

## 第 5 章　応力解析のための CAE 理論

$$\varDelta = \frac{1}{2}\begin{bmatrix} 1 & x_1 & y_1 \\ 1 & x_2 & y_2 \\ 1 & x_3 & y_3 \end{bmatrix} \qquad (5.2.6)$$

$\delta_y$ についても同様のため，記載は省略する。ちなみに式(5.2.6)の $\varDelta$ は，三角形要素の場合にはその三角形の面積の意味を持つ。

変位関数というものの性質を確認するために，次の 2 点を各自で実行して確認されたい。

① $(x, y) = (x_1, y_1)$ を代入すると，$\delta_x = \delta_{x1}$ となる，など。$y$ 方向についても同様

② 辺 1-2 上の点の変位は，その辺上だけの情報，すなわち節点 1 と節点 2 の座標や変位だけで表すことができる。これを確認するには，辺 1-2 の直線を表す次式(5.2.7)を式(5.2.5)に代入してみるとよい。

$$y = \frac{y_2 - y_1}{x_2 - x_1} x + \frac{x_2 y_1 - x_1 y_2}{x_2 - x_1} \qquad (5.2.7)$$

次式のようになり，節点 3 に関する情報が全く入ってこないことがわかるであろう。

$$\delta_x = \frac{x_2 - x}{x_2 - x_1} \delta_{x1} + \frac{x - x_1}{x_2 - x_1} \delta_{x2} \qquad (5.2.8)$$

なお，三角形 1 次要素の形状に制約はなく，不等辺三角形でよいのだが，**図 5.2.3** のようにあまりにひずむと変位分布の近似が不自然になるために精度低下を招く。

三角形 1 次要素は，FEM 誕生の頃には（これしかなかったために）よく使用されていたのだが，1980 年代以降，アイソパラメトリック（Iso-parametric）要素という一群の要素が開発されて実用化されると，そちらの精度や使い勝手

図 5.2.3　解析精度の低下を招く三角形 1 次要素の形状の例（ひずんで扁平な形状）

が良いことからあまり見向かれなくなってしまった。実は後述のように，この三角形1次要素も立派なアイソパラメトリック要素なのだが，誰からもそのようには呼んでもらえない気の毒な要素なのである。

### (2) 四角形1次要素

三角形よりも四角形の方が使い勝手が良さそうだと思うのは自然の成り行きである。そこで当初，図 5.2.4 に示すような四角形1次要素が考えられ，その変位分布も三角形1次要素の延長から式(5.2.9)の形となると考えられた。

$$\begin{cases} \delta_x = a_1 + a_2 x + a_3 y + a_4 xy \\ \delta_y = b_1 + b_2 x + b_3 y + b_4 xy \end{cases} \tag{5.2.9}$$

ところがこの要素の形状は，変位関数の資格③の制約から，辺が座標系に平行な長方形しか許されないのである。これでは不便であるため，その後写像という考え方を取り入れたアイソパラメトリック要素というものが開発された。

写像とは，一般に解析上取り扱いにくい形状を，ある関数を仲介して取り扱いやすい形状に移すことである。この関数のことを写像関数と呼んでいる。

例えば図 5.2.5 (a) に示すような $x$–$y$ 平面上の不等辺四角形の内部の点は，

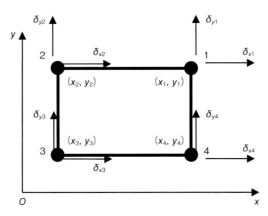

図 5.2.4　四角形1次要素
（ただし，次の条件下にある）
$x_3 = x_2, \ x_4 = x_1, \ y_2 = y_1, \ y_4 = y_3$

# 第 5 章 応力解析のための CAE 理論

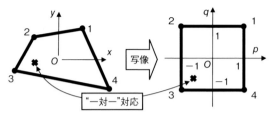

(a) x-y 面上では不等辺四角形　　(b) p-q 面上では正方形

**図 5.2.5　x-y 平面上の不等辺四角形の p-q 平面上正方形領域への写像**

式(5.2.10)を写像関数として座標 $(x, y)$ を $(p, q)$ [注2] に変換すると，それらの点が構成する p-q 平面上での図形は，同図(b)に示すような正方形になる。要は x-y 平面上の不等辺四角形が p-q 平面上の正方形に写像されたわけである。

$$\begin{cases} x = \dfrac{(1+p)(1+q)}{4}x_1 + \dfrac{(1-p)(1+q)}{4}x_2 + \dfrac{(1-p)(1-q)}{4}x_3 + \dfrac{(1+p)(1-q)}{4}x_4 \\ y = \dfrac{(1+p)(1+q)}{4}y_1 + \dfrac{(1-p)(1+q)}{4}y_2 + \dfrac{(1-p)(1-q)}{4}y_3 + \dfrac{(1+p)(1-q)}{4}y_4 \end{cases}$$

(5.2.10)

形が移るばかりが能ではない。x-y 平面上の不等辺四角形の変位関数を見つけることは困難なのであるが，p-q 平面上の正方形なら式(5.2.9)の形を採用できる。そして，写像関数が変位関数の資格を満たしていると，これを x-y 平面に戻したときの変位関数も資格を満たすようになるので，無事に要素が成立するのである。

式の導出の経過は省略するが，式(5.2.9)からスタートして図 5.2.5 (b) の正方形の変位関数の標準形を導くと，式(5.2.11)のようになる。

---

[注2] 写像後の座標系の変数の記号についてはギリシャ文字の $(\xi, \eta, \zeta)$ で表すのが慣例である。しかし，筆者の長年の技術教育での経験上，CAE のユーザーの大半はこれらの記号に馴染みがなく，そのために抵抗さえ感じることが多い。そこで，本解説ではギリシャ文字を使用せず，あえて一般の書物には使用されていない $(p, q, r)$ という記号を使用して写像後の座標系を表すことにしている。

$$\begin{cases} \delta_x = \dfrac{(1+p)(1+q)}{4}\delta_{x1} + \dfrac{(1-p)(1+q)}{4}\delta_{x2} \\ \qquad + \dfrac{(1-p)(1-q)}{4}\delta_{x3} + \dfrac{(1+p)(1-q)}{4}\delta_{x4} \\ \delta_y = \dfrac{(1+p)(1+q)}{4}\delta_{y1} + \dfrac{(1-p)(1+q)}{4}\delta_{y2} \\ \qquad + \dfrac{(1-p)(1-q)}{4}\delta_{y3} + \dfrac{(1+p)(1-q)}{4}\delta_{y4} \end{cases} \quad (5.2.11)$$

ここで,式(5.2.10)と式(5.2.11)を見比べてみよう。$x_1$, $y_1$, $\delta_{x1}$, $\delta_{y1}$ の係数関数が同じであることに気づくことと思う。ほかの節点についても同様である。このように,変位関数と写像関数が同じ係数関数で表される要素のことを,アイソパラメトリック(Iso-Parametric=パラメータが同じ)要素と呼ぶ。

なお,式(5.2.10)のような写像関数は,要素内での点の位置を表し,その点の集合は要素形状を表すので,FEMの世界では形状関数と呼んでいる。

現在のFEMはアイソパラメトリック要素全盛時代である。2次元平面問題や3次元のブロックの解析に使用されるいわゆるソリッド要素は,ごく一部の例外を除いて,すべてアイソパラメトリック要素と呼ばれるタイプだと考えてよい。シェル構造にも適用しているプログラムもあるが,そうでない場合もあって,これは外観からは判断できず,そのプログラムの理論マニュアルを参照する必要がある。本解説では,以下梁要素以外ではこのタイプの要素を中心に解説する。

### (3) 梁要素

汎用プログラムでの梁要素の変位関数は通常アイソパラメトリックではなく,梁の理論から導かれている。梁の軸方向を $x$ とし,簡略化のために $x$–$y$ 面内に関する変位と $z$ 軸周りの回転成分しか生じない2次元の梁について表示すれば,

$\delta_x = a_1 + a_2 x$

$\delta_y = b_1 + b_2 x + b_3 x^2 + b_4 x^3$

## 第 5 章　応力解析のための CAE 理論

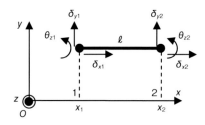

**図 5.2.6　2 次元梁要素**
（3 次元梁要素では，$z$ 方向にも変形するような自由度 $\delta_z$，$\theta_y$ と，$x$ 軸回りのねじりの自由度 $\theta_x$ が加わる）

$$\theta_z = \frac{d\hat{\delta}_y}{dx} = b_2 + 2b_3 x + 3b_4 x^2 \tag{5.2.12}$$

変位関数の標準形は，アイソパラメトリック風に書くと式 (5.2.13) のようになる。

$$\begin{cases} x = \dfrac{1-p}{2}x_1 + \dfrac{1+p}{2}x_2 \\[4pt] \hat{\delta}_x = \dfrac{1-p}{2}\hat{\delta}_{x1} + \dfrac{1+p}{2}\hat{\delta}_{x2} \\[4pt] \hat{\delta}_y = (2+p)\left(\dfrac{1-p}{2}\right)^2 \hat{\delta}_{y1} + (2-p)\left(\dfrac{1+p}{2}\right)^2 \hat{\delta}_{y2} \\[4pt] \quad + \dfrac{1+p}{2}\left(\dfrac{1-p}{2}\right)^2 l\theta_{z1} + \left(\dfrac{1-p}{2}\right)\left(\dfrac{1+p}{2}\right)^2 l\theta_{z2} \end{cases} \tag{5.2.13}$$

梁要素の要素自由度は，2 次元梁の場合には，図 5.2.6 に示すように 3 ($\delta_x$, $\delta_y$, $\theta_z$)，3 次元梁の場合には 6 ($\delta_x$, $\delta_y$, $\delta_z$, $\theta_x$, $\theta_y$, $\theta_z$) である。

### 5.2.5　要素のいろいろ

以下，主にアイソパラメトリック要素について紹介するが，四角形 1 次要素について見たように，各変位成分の変位関数および写像関数は同じ形をしているので，変位関数を示す場合には $\delta_x$ のみについて示すこととする。

## 5.2 要素と変位関数

**(1) 2次元ソリッド要素**

2次元ソリッド要素は，平板状の構造の面内変形を解析するのに用いられ，要素自由度は $2(\delta_x, \delta_y)$ である。形状には三角形要素・四角形要素があり，またそれぞれに1次要素・2次要素がある[注3]。1次要素については既出なので，以下，他のアイソパラメトリック要素について解説する。

①アイソパラメトリックとしての三角形1次要素

三角形1次要素について，アイソパラメトリックの表示で変位関数を示す。

図5.2.7左の一般の三角形は，同図右のような正方形右上部に重なる直角三角形領域に写像することができる。この時，変位関数は次のように表される。

$$\delta_x = \frac{p+q}{2}\delta_{x1} + \frac{1-p}{2}\delta_{x2} + \frac{1-q}{2}\delta_{x3} \qquad (5.2.14)$$

一般のFEMの解説書では，2次元三角形要素や3次元四面体要素に関する基礎式は，面積座標・体積座標という概念を使用するのが普通である。それらは理論構築を行う場合には便利なものではあるが，CAEユーザーの立場としては余計なものを覚えることになるため，本書ではあえてそれらを用いない定

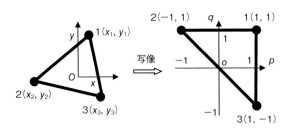

図5.2.7 アイソパラメトリックとしての三角形1次要素

---

[注3] 3次以上の要素も1980年代には実用化されたことがあったが，期待したほどの成果が得られなかったことと，高次要素は直感と異なる挙動が多く，使用には専門的知識が必要なために今では廃れた。結局のところ，図5.2.1（c）のように次数を上げていくよりは，2次要素で図5.2.1（b）のように細かく分割する方がずっと良い結果が得られる。

式化を行っている。

②三角形2次要素

　三角形2次要素は，図5.2.8に示すように，三角形の頂点に加え，辺上に各1点節点を追加してできる要素である。辺形状として曲線（放物線）が許されるようになるので，円弧縁などの分割には格段便利になる。その変位関数は，$p$, $q$の2次関数で表され，以下のようになる。

$$\delta_x = \frac{(p+q)(p+q-1)}{2}\delta_{x1} + \frac{p(p-1)}{2}\delta_{x2} + \frac{q(q-1)}{2}\delta_{x3}$$
$$+ (1-p)(p+q)\delta_{x4} + (1-p)(1-q)\delta_{x5} + (1-q)(p+q)\delta_{x6} \qquad (5.2.15)$$

③四角形2次要素

　四角形2次要素も三角形1次要素同様，図5.2.9に示すように，四角形の頂点以外に辺上に1点節点を追加してできる要素である。やはり辺形状として曲線（放物線）が許される。

　変位関数は，次のような$p$, $q$の2次関数になる。

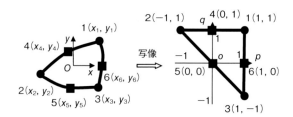

図5.2.8　三角形2次要素

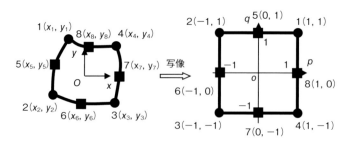

図5.2.9　四角形2次要素

## 5.2 要素と変位関数

$$\delta_x = \frac{(1+p)(1+q)(p+q-1)}{4}\delta_{x1} + \frac{(1-p)(1+q)(-p+q-1)}{4}\delta_{x2}$$

$$+ \frac{(1-p)(1-q)(-p-q-1)}{4}\delta_{x3} + \frac{(1+p)(1-q)(p-q-1)}{4}\delta_{x4}$$

$$+ \frac{(1-p^2)(1+q)}{2}\delta_{x5} + \frac{(1-p)(1-q^2)}{2}\delta_{x6}$$

$$+ \frac{(1-p^2)(1-q)}{2}\delta_{x7} + \frac{(1+p)(1-q^2)}{2}\delta_{x8} \tag{5.2.16}$$

### (2) アイソパラメトリック要素の形状についての注意点

#### ① 形状に課せられる制約

写像という操作には条件があって，図 5.2.5 に示したように，写像前の領域内の 1 点が写像後の領域内の一点に対応する"一対一"対応が成り立たなければならない。例として，図 5.2.10 に示す凹四角形やねじれた四角形はこの条件を満たさないために，$p$-$q$ 平面上の正方形に一対一の写像ができない。また三角形の場合と同様に，図 5.2.11 に示すようなあまりにも扁平な形状は，$x$-$y$

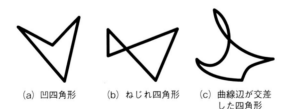

(a) 凹四角形　　(b) ねじれ四角形　　(c) 曲線辺が交差した四角形

図 5.2.10　一対一写像が成り立たない四角形
　　　　　($p$-$q$ 平面上の正方形内の点がこれらの図形の外部に対応してしまう)

図 5.2.11　変位分布が不自然になってしまう四角形
　　　　　(ひずんで扁平な形状)

## 第 5 章　応力解析のための CAE 理論

面上での変位分布が不自然になるために，解析時に精度低下を招く。

このような形状は，汎用プログラムの自動メッシュ機能を利用する限り，最初のメッシュ分割の際には起きえず，また通常の線形の設計解析を行う際にもほとんど起きないが，大変形を伴った非線形性の強い解析を行う場合には，途中でこのような形状になってしまうことがあって，その場合にはそれ以後の解析ができなくなる。ただし，ANSYS のように，このような形状に近づいてくると再分割して，要素形状を整えてくれるようなリメッシュ機能を持ったプログラムもある。

② 辺上節点を除去した 2 次要素

2 次要素の特殊な使い方として，ある 1 辺から辺上節点を除去し，その辺だけは 1 次変化をするような要素を作ることができる。たとえば図 5.2.12 において節点 5 を除去したければ，変位関数（と写像関数）において節点 5 のすべての自由度に次式 (5.2.17) のような関係式を代入すれば実現できる。

$$\delta_{x5} = \frac{\delta_{x1} + \delta_{x2}}{2} \tag{5.2.17}$$

この機能の目的は，接触問題での接触面の変位関数が 2 次では不都合が起きるための対応策として，また 2 次要素を 1 次要素に結合する場合の接続部での変位関数を合せるためなどである。なお，2 次要素のすべての辺上節点の自由度に式 (5.2.17) のような関係式を与えると，その結果は 1 次要素になる。

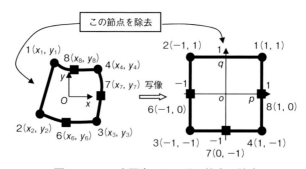

図 5.2.12　2 次要素からの辺上節点の除去

## 5.2 要素と変位関数

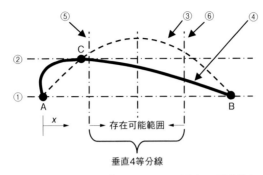

**図 5.2.13　アイソパラメトリック要素の辺形状と
辺上節点の存在可能範囲**

③　辺形状と辺上節点の存在可能範囲

2次のアイソパラメトリック要素は辺の形状が放物線形状を取れることが特徴である。その形状がどのようなルールで決まるかを見ておこう。

図 5.2.13 のように，頂点節点 A，B とし，A，B を結ぶ直線を①とする。辺上節点 C は①上にない場合を考えよう。そして，C を通り①に平行な直線を②とする。素人的には A，B，C という3点が与えられた時，この3点を通過する放物線と言えば破線のような③を思い浮かべるが，実際にはそうはならず，④のような奇妙な形状になる。④は，C を通り，②に接する放物線である。図 5.2.13 のような極端な節点配置の場合には，変形状が A よりも左側に突出し，この部分で写像の一対一対応が崩れる。このため，辺上節点の存在範囲には制約があって，AB を結ぶ線分の垂直4等分線の⑤⑥の内側でなければならない。

もし辺上節点が⑤の限界線上に一致した場合には，A からの距離を $x$ として，変位関数が $\sqrt{x}$ に，応力が $1/\sqrt{x}$ に比例するようになるので，クラック先端付近の状態を表すようになる。このため破壊力学の応力拡大係数の解析の際には，辺上節点を中点に置かず，わざとクラック先端方向に 1/4 移動させて解析することが積極的に行われている。

# 第 5 章 応力解析のための CAE 理論

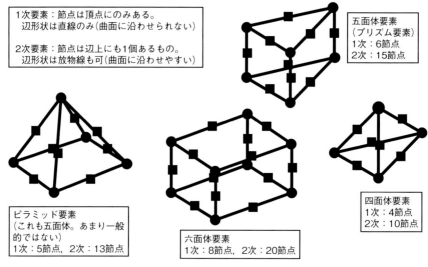

図 5.2.14　3 次元ソリッド要素（要素自由度は 3）

## (3) 3 次元ソリッド要素

3 次元のアイソパラメトリック要素のすべてについて変位関数を紹介すると膨大なスペースが必要となるため，ここでは最も基本的な六面体 1 次・2 次要素についてのみ記載し，他は図 5.2.14 にそれらの種類と節点配置について紹介する。この種の要素の要素自由度はすべて 3 ($\delta_x$, $\delta_y$, $\delta_z$) である。

① 六面体 1 次要素の変位関数

六面体 1 次要素は，図 5.2.15 において，頂点だけに節点がある要素である。節点数は 8 である。

この要素の変位関数は，節点 $i$ の $(p, q, r)$ 座標値を $(p_i, q_i, r_i)$ と書けば，式 (5.2.18) のように表せる。

$$\delta_x = \sum_{i=1}^{8} \frac{(1+p_i p)(1+q_i q)(1+r_i r)}{8} \delta_{xi} \tag{5.2.18}$$

② 六面体 2 次要素の変位関数

六面体 2 次要素は，図 5.2.15 において頂点の他に各辺上にも節点を持つ要

5.2 要素と変位関数

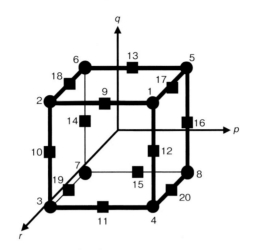

**図 5.2.15 六面体要素**
(●の節点のみ＝1次，■の節点も含む＝2次)

素であり，節点数は 20 である。

この変位関数は，1次要素と同様に $p_i, q_i, r_i$ を用いれば，式(5.2.19)のように表せる。

$$\delta_x = \sum_{\text{頂点}} \frac{(1+p_i p)(1+q_i q)(1+r_i r)(p_i p + q_i q + r_i r - 2)}{4} \delta_{xi}$$

$$+ \sum_{\substack{p_i=0 \text{の} \\ \text{辺上節点}}} \frac{(1-p^2)(1+q_i q)(1+r_i r)}{4} \delta_{xi} + \sum_{\substack{q_i=0 \text{の} \\ \text{辺上節点}}} \frac{(1+p_i p)(1-q^2)(1+r_i r)}{4} \delta_{xi}$$

$$+ \sum_{\substack{r_i=0 \text{の} \\ \text{辺上節点}}} \frac{(1+p_i p)(1+q_i q)(1-r^2)}{4} \delta_{xi} \qquad (5.2.19)$$

この要素も図 5.2.12 のように辺上節点を除去して使用することができる。

### (4) シェル要素

シェル要素は，要素自由度 5 ($\delta_x, \delta_y, \delta_z, \theta_x, \theta_y$) を持つ要素であり，以下の 3 系列ある。

① 3次元ソリッド六面体要素からの発展形（アイソパラメトリック要素）

## 第5章 応力解析のためのCAE理論

② シェル理論に基づいた非適合要素
③ シェル理論に基づいた適合要素

世の中に現れた順番は③→①の順である。③は梁要素と同様の考え方からできる要素であるが、四角形要素の場合と同様に形状の制約が厳しいために実用には向かず、制約を緩めた②が使用されるようになった。しかしこれも今ひとつの中途半端なものであったために、現在は①が主流になっている。

説明を簡単にするために、シェル要素が四角形で平面形状の場合についてこのタイプの変位関数を説明する。その変位関数は基本的にはソリッド要素の変位関数(5.2.18)または(5.2.19)において、中立面を中心に板厚方向（$z$方向）に薄くしたものであり、そこに第2章で解説したシェルの仮定を設定したものである。面外方向変位 $\delta_z$ については平面要素の場合と同様であり、四角形1次要素であれば式(5.2.11)の形を取る。また $x$, $y$ 各軸周りの回転 $\theta_x$, $\theta_y$ についてもやはり式(5.2.11)の形をとる。

面内方向変位 $\delta_x$, $\delta_y$ については、式(5.2.11)の他に、回転の影響で発生する成分が加わるので、次のようなイメージになる。

$$\delta_x = \frac{(1+p)(1+q)}{4}\delta_{x1} + \frac{(1-p)(1+q)}{4}\delta_{x2}$$
$$+ \frac{(1-p)(1-q)}{4}\delta_{x3} + \frac{(1+p)(1-q)}{4}\delta_{x4} - z\theta_y \quad (5.2.20)$$

### 5.2.6 2次要素の結合と節点拘束に関する制約

2次以上の要素の辺上節点は、頂点節点のような独立性がない。例えば、頂点節点は単独であっても、拘束を受けたり、他の要素と結合することが許される。しかし、辺上節点については、単独行動が許されず、その両側の頂点節点のうちの少なくとも一方と歩調を合わせなければならないのである。

辺上節点の拘束の際に課される制約の一般的なルールは**表**5.2.1 に示すとおりである。ここでの拘束とは、ある自由度の拘束の他、他要素との結合も含む。以下、制約の具体例をいくつか紹介する（**図**5.2.16〜**図**5.2.18）。最近の設

## 5.2 要素と変位関数

**表 5.2.1　辺上節点の拘束に関する制約条件**

| 辺上節点の拘束状態 | 両側頂点に課される制約 |
|---|---|
| ① ある自由度が拘束を受けている | 両頂点ともその自由度の拘束を受けること |
| ② ある自由度が拘束を受けていない | 少なくともどちらか一方の頂点はその自由度の拘束を受けないこと |

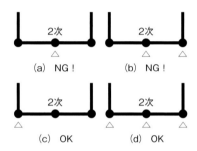

図 5.2.16　辺上節点が拘束を受ける時の制約

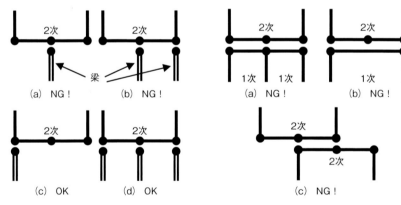

図 5.2.17　辺上節点が異種要素と結合する時の制約
（基本的に図 5.2.16 の場合と同じ）

図 5.2.18　ソリッド要素同士の結合の時の制約
（すべて NG！）

計者向け CAE ツールでは，これらのことが発生しにくくなっているが，ちょっと込み入った解析をしようとする際には要注意である。

## 5.3 分布荷重の等価節点荷重への変換

### 5.31.1 等価節点荷重とは？

FEM では分布荷重が扱えないために，分布荷重が作用した場合には，これと等価な節点荷重に置き換えなければならない。この置き換えた節点力（節点モーメントの場合もある）を，等価節点荷重と呼んでいる。

### 5.3.2 分布力の等価節点荷重への変換

分布力の等価節点荷重への換算式は，剛性マトリクスを導いた時と同様に，「"分布力が成す仕事"と"等価節点荷重が成す仕事"は等しい」という，仮想仕事の原理から次のようにして導くことができる（図 5.3.1）。

① 分布力が成す仕事 $W_d^e$

分布力が成す仕事は，"分布力"と"分布力が作用する点での変位"の積を，要素内全体について足し合わせたもの（＝積分したもの）に対応し，式(5.3.1)のように表すことができる。

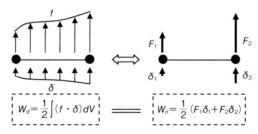

(a) 分布荷物による仕事 $W_d$　　(b) 節点荷重による仕事 $W_n$

図 5.3.1　等価節点荷重の換算と仮想仕事の原理

## 5.3 分布荷重の等価節点荷重への変換

$$W_d^e = \frac{1}{2}\int \{f\}^T\{\delta\}dV = \frac{1}{2}\int \{f\}^T[N]dV\{\delta^e\} \tag{5.3.1}$$

② 等価節点荷重が成す仕事　$W_n^e$

等価節点荷重が成す仕事は，"節点荷重"と"節点荷重が作用する節点での変位"を掛け合わせて，すべて足し合わせたものであり，式(5.3.2)のように表すことができる。

$$W_n^e = \frac{1}{2}(F_1\delta_1 + F_2\delta_2) = \frac{1}{2}\{F^e\}^T\{\delta^e\} \tag{5.3.2}$$

③　$W_n^e = W_d^e$

$W_n^e$ は $W_d^e$ に等しくなるので，次式が成り立つ。

$$\{F^e\}^T\{\delta^e\} = \int \{f\}^T[N]dV\{\delta^e\} \tag{5.3.3}$$

この関係は，剛性マトリクスを導いた時と同様に，どんな節点変位 $\{\delta^e\}$ に対しても成り立つので，$\{\delta^e\}$ を除いた部分は等しくなり，最終的に式(5.3.4)を得る。

$$\{F^e\} = \int [N]^T\{f\}dV \tag{5.3.4}$$

この式に，任意の $\{f\}$ を代入することにより，$\{f\}$ に対する等価節点荷重を求めることができる。分布荷重が辺や面だけに作用している場合には，積分も線積分や面積分になる。

### 5.3.3　温度分布の等価節点荷重への変換

温度上昇 $\Delta T$ が与えられた時にも，これは一種の分布荷重であるので，等価節点荷重に変換される。この変換をユーザーが行うことはないので，詳細な解説も省略するが，結果は次式となる。

$$\{F^e\} = -\int [B]^T[D]\{\varepsilon_0\}dV \tag{5.3.5}$$

$\{\varepsilon_0\}$ は次の成分を持つ。

垂直ひずみ成分＝$\alpha \Delta T$（$\alpha$ は線膨張係数）

せん断ひずみ成分＝0 (5.3.6)

### 5.3.4 分布力の換算式の例

線荷重・面荷重が一様分布の場合に対する等価節点荷重の換算式を以下に示し，直観と異なる点を指摘する。簡単のために，要素については，辺は直線，面は平面，辺上節点は中点とする。

等価節点荷重というものは，変位関数の制約③により，適合要素である限り，分布荷重形状・要素の種類（ソリッドかシェルか）・次数が同じであれば，2次元要素であっても3次元要素であっても結果は同じになる。

以下，いろいろな要素1個についての換算式を示すが，複数の要素に所属する節点では，各々の要素から換算されてきた節点荷重値の和を取ればよい。

**(1) 線荷重の変換**

ここでは，$f_0$ を単位長さ当たりの一様分布荷重，$l$ を辺長として，要素辺上に作用する線荷重の換算式を導いてみる。

線荷重の場合には，注目している辺以外では分布荷重値が0である。このために式(5.3.4)の体積積分は実質的には辺 $s$ に沿った線積分になり，式(5.3.7)のように書ける。

$$\{F^e\} = \int [N]^T \{f\} ds \qquad (5.3.7)$$

以下の例では，荷重と変位は $y$ 方向成分しか関係しないので，方向成分 $y$ の表示は省略する。

① ソリッド1次辺上に作用する等分布荷重（図5.3.2）

図5.3.2のようなソリッド要素の1辺に分布荷重が作用している時の等価節点荷重を計算する。

この辺に沿った変位関数と形状関数は，2次元要素では $q=1$，3次元要素ではさらに $r=1$ と置くと，形状や次元を問わず同一となって式(5.3.8)となる。

## 5.3 分布荷重の等価節点荷重への変換

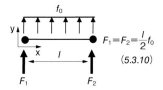

図 5.3.2 ソリッド 1 次辺上に作用する場合

ただし，図の見やすさを考慮して，1 と 2 の位置を交換している．

$$\begin{cases} \delta = \dfrac{1-p}{2}\delta_1 + \dfrac{1+p}{2}\delta_2 \\ x = \dfrac{1-p}{2}x_1 + \dfrac{1+p}{2}x_2 \\ ds = dx = \dfrac{x_2 - x_1}{2}dp = \dfrac{l}{2}dp \end{cases} \quad (5.3.8)$$

式 (5.3.8) を式 (5.3.7) に代入すれば積分が実行できるようになる．その操作は簡単で，式 (5.3.8) の変位関数の係数関数を $p$ で $-1$ から $1$ まで定積分する手間と変わらない．結果は式 (5.3.9) となる．

$$\begin{Bmatrix} F_1 \\ F_2 \end{Bmatrix} = \int_{-1}^{1} \begin{Bmatrix} \dfrac{1-p}{2} \\ \dfrac{1+p}{2} \end{Bmatrix} f_0 \dfrac{l}{2} dp = \begin{Bmatrix} \dfrac{f_0}{2}l \\ \dfrac{f_0}{2}l \end{Bmatrix} \quad (5.3.9)$$

要するに，

$$F_1 = F_2 = \dfrac{l}{2}f_0 \quad (5.3.10)$$

であり，分布荷重の合力 $f_0 l$ が両節点に $1/2$ ずつ配分されることがわかる．この場合は直観と一致する結果が得られる．

② ソリッド 2 次辺上に作用する等分布荷重（**図 5.3.3**）

2 次の辺に沿った変位関数と形状関数は次のようになる．

第 5 章　応力解析のための CAE 理論

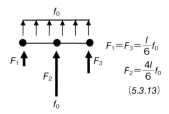

図 5.3.3　ソリッド 2 次辺上に作用する場合

$$\begin{cases} \delta = \dfrac{p(p-1)}{2}\delta_1 + (1-p^2)\delta_2 + \dfrac{p(1+p)}{2}\delta_3 \\ x = \dfrac{p(p-1)}{2}x_1 + (1-p^2)x_2 + \dfrac{p(1+p)}{2}x_3 \end{cases} \quad (5.3.11)$$

辺上節点は中点の場合を対象としているので，形状関数に，

$$x_2 = \dfrac{x_1 + x_3}{2} \quad (5.3.12)$$

を代入すると，式(5.3.8)と同じ形になる．ここで積分を実行すると，図 5.3.3 中の式(5.3.13)が得られる．

直観的には 1：2：1 に配分されそうなものであるが，実際には 1：4：1 となるところが興味深い．

③　梁要素に作用する等分布荷重（**図 5.3.4**）

一見ソリッド 1 次辺上に作用する場合と同じように見える梁であるが，$y$ 方向変位の変位関数は全く異なる（式(5.2.13)参照）．計算過程は省略するが，図 5.3.4 中の式(5.3.14)に示すように，等価荷重としてはソリッド 1 次辺と同様，合力 $f_0 l$ の 1/2 ずつが両頂点に配分されるほかに，等価モーメントが発生する．

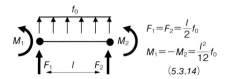

図 5.3.4　梁要素に作用する場合

5.3 分布荷重の等価節点荷重への変換

(2) 面荷重の変換

ここでは，$f_0$ を単位面積当たりの上向き荷重，$A$ を面積とする。

面荷重の場合には，式(5.3.4)の体積積分は分布荷重が作用している面 $S$ に関する面積積分（式(5.3.15)）となる。

$$\{F^e\} = \int [N]^T \{f\} dS \tag{5.3.15}$$

① 三角形 1 次面上（**図 5.3.5**），四角形 1 次面上（**図 5.3.6**）に作用する等分布荷重

これらの変換では，等分布荷重が各頂点に等配分されるので，直観と一致する。

② 三角形 2 次面上に作用する荷重（**図 5.3.7**）

図 5.3.7 の頂点節点に荷重の矢印がないのはミスプリントではない。2 次の三角形の平面上に等分布荷重が作用すると，辺上節点のみに 1/3 ずつ配分され，頂点節点への配分が 0 になるのである。これは，直観では理解し難いことである。

③ 四角形 2 次面上に作用する荷重（**図 5.3.8**）

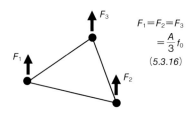
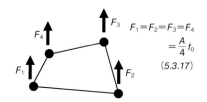

図 5.3.5　三角形 1 次面上に作用する場合　　図 5.3.6　四角形 1 次面上に作用する場合

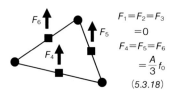
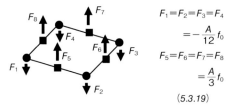

図 5.3.7　三角形 2 次面上に作用する場合

図 5.3.8　四角形 2 次面上に作用する場合

2次の四角形の平面になると,辺上節点4カ所に1/3ずつ配分される。これでは1/3×4＝4/3倍になって分布荷重の合力を超えてしまうので,その分を頂点節点で1/12ずつ逆向きに作用させてバランスを取る,というようなことをする。物理的考察とは全く別次元の挙動をするものである。3次以上になるとさらに奇妙なことが起きるために普通のエンジニアには扱えず,廃れてしまったのである。

### (3) 等価節点荷重と接触問題

以上見てきたとおり,等価節点荷重というものは,1次要素に関するものは直観と一致するが,2次要素になると,引張りの分布力なのに頂点では圧縮の力に換算されるなど,物理的な感覚とは程遠い結果となる。このことから導かれる重要な結論として,接触問題で,節点間に接触要素を挿入し,"くっついた・離れた"を判定するタイプのプログラムを使用する際には,2次要素の使用は基本的には避けるべきであることがわかるであろう。

「接触問題で収束しないが,なぜか？」という質問を受けるが,よく聞けば2次要素を使用している例がある。面全体が圧縮状態にあるにもかかわらず,頂点節点ではその状態を引張りの荷重で表すような2次要素では,接触・離間の判定が正しく行えるはずがない。破壊力学において,クラック進展のシミュレーションを行う際にも2次要素を使用すると,クラック先端部の状態の判定を誤ることになる。

では,1次要素なら大丈夫なのか。等分布荷重であれば大丈夫であるが,**図5.3.9**に示すような線形分布荷重で要素の辺の途中から圧縮から引張りに変化

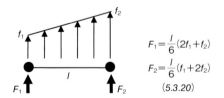

$$F_1 = \frac{l}{6}(2f_1 + f_2)$$
$$F_2 = \frac{l}{6}(f_1 + 2f_2)$$
(5.3.20)

図 5.3.9 線形分布荷重がソリッド1次辺上に作用する場合

## 5.3 分布荷重の等価節点荷重への変換

するような場合には，等価節点荷重が両頂点とも圧縮になることがある。同図の場合，$f_1$ が圧縮，$f_2$ が引張りだとすると，$|f_2|<|f_1|/2$ の場合がこのケースに該当する。このようになると，本当なら離れているのに，判定は"くっついたまま"となって実際とは相違する結果となる。しかし，これは通常接触領域の境界付近で起きるような現象であるため，接触問題の収束性を左右するほどの事態には至らないことが多い。

なお，現在市場に出回っているプログラムは，分布荷重を定義すれば内部で自動的にこの換算を行ってくれるようになっている。このため，FEM のユーザーがここに示した式を用いて換算することは皆無に近い。ただし，ここで述べた接触解析上の問題点や，反力から分布力を推測する場合などには，ここでの知識が必要となる。

## 5.4 数値積分

　FEM プログラムを作成する上で積分操作は必須の計算である。ところが FEM のアルゴリズムと相性の良いプログラム言語（主として昔は Fortran，今では C 言語）は，通常解析的な積分が極めて苦手である。このギャップを埋めてくれるのが数値積分であり，現在ではガウス-ルジャンドル（Gauss-Legendre）の公式（以下単にガウスの公式）を使用するのが普通である。おもしろいことに数値積分というものは，解析的に定積分するよりも良い精度の積分値が容易く得られることが多い。以下，積分公式を理解するために，その基本から解説する。

　CAE ユーザーの立場からは，この数値積分を通じて積分点という概念を知ることが重要である。

### 5.4.1 数値積分と積分点

図 5.4.1 に示した 2 種類の関数

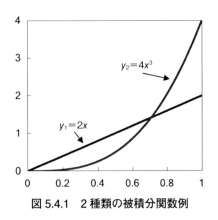

図 5.4.1　2 種類の被積分関数例

## 5.4 数値積分

$$y_1 = f_1(x) = 2x \tag{5.4.1}$$
$$y_2 = f_2(x) = 4x^3 \tag{5.4.2}$$

を $0 \leq x \leq 1$ の区間で積分することを考えよう。まずこの積分を解析的に実行して正解を求めると，次式のように両方とも 1 となる。

$$I_1 = \int_0^1 f_1(x)dx = \int_0^1 2x\,dx = 1 \tag{5.4.3}$$

$$I_2 = \int_0^1 f_2(x)dx = \int_0^1 4x^3\,dx = 1 \tag{5.4.4}$$

　数値積分の基本的な考え方は，図 5.2.1 に示した複雑な関数の近似についての考え方と同様に，区間を単純な関数で近似し，精度を上げるために区間分割を細かくしていくことである[注1]。しかし区間分割を細かくする前に，$0 \leq x \leq 1$ の範囲全体を 1 つの関数で近似したらどのような精度の値が得られるのかを見てみよう。いわば，各公式の実力を見てみるわけであり，結果については**表 5.4.1** に記載している。

**表 5.4.1　ニュートン-コーツの公式による数値積分結果**
（結果が 1 のものは，誤差なく積分できたことを意味している。〇で囲んだものは，近似関数の次数よりも高次の積分ができているもの）

| 適用公式 | $\int_0^1 2x\,dx$ | $\int_0^1 4x^3\,dx$ |
|---|---|---|
| ①短冊公式（0 次関数近似） | (1) | 0.5 |
| ②台形公式（1 次関数近似） | 1 | 2 |
| ③シンプソン（2 次関数近似） | 1 | (1) |
| ④シンプソン 3/8（3 次関数近似） | 1 | 1 |

---

［注1］必ずしも等分割でなくてもよい。どのように分割するかは経験と勘による。

第 5 章 応力解析のための CAE 理論

**(1) ニュートン-コーツ（Newton-Cotes）の数値積分公式**

数値積分の基本的な考え方は，積分区間をいくつかの小区間に分けて，各小区間内では $f(x)$ を単純な関数で近似して，その近似関数を積分することによって近似値を求めようとすることにある。この考え方で導かれた数値積分方法はニュートン-コーツの数値積分公式と呼ばれている。以下，近似関数の次数 $n$ が 0～3 の場合について解説する。$n$ 次関数近似の場合には，小区間内の両端点と，小区間を $n$ 等分した点における $n+1$ 個の関数値を用いる。これらの積分に使用する点のことを積分点と呼んでいる。

① 0 次関数近似（短冊公式（中点法），**図 5.4.2**）

0 次関数近似とは，区間内の関数を定数で近似する方法であり，各区間を長方形と見なして面積を求めようとするものである。積分点としては区間の中央における関数値を定数として用いるのが最も精度が高い。この公式は両端点を使わないので，本来はニュートン-コーツの仲間ではない。しかし区間を何次関数で近似するかという視点に立てば仲間に入れることができる。短冊公式は 0 次関数近似であるにもかかわらず，実際にはひとつ次数の高い 1 次関数も誤差なく積分できる。表 5.4.1 で，$\int_0^1 2x\,dx = 1$ という正解が得られているのがその証拠である。

② 1 次関数近似（台形公式，**図 5.4.3**）

積分点として積分区間の両端点を用い，定積分の近似値を台形の面積として

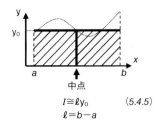

$I \cong \ell y_0$　　(5.4.5)
$\ell = b - a$

図 5.4.2　短冊公式（中点法）
（積分点は中点 1 個）

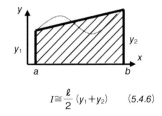

$I \cong \dfrac{\ell}{2}(y_1 + y_2)$　　(5.4.6)

図 5.4.3　台形公式
（積分点は両端点計 2 個）

5.4 数値積分

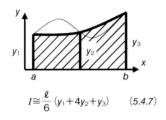

$I \cong \dfrac{\ell}{6}(y_1+4y_2+y_3)$　　(5.4.7)

図 5.4.4　シンプソンの公式
　　（積分点は両端点と中点計 3 個）

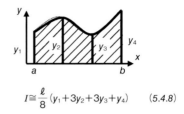

$I \cong \dfrac{\ell}{8}(y_1+3y_2+3y_3+y_4)$　　(5.4.8)

図 5.4.5　シンプソンの 3/8 公式
　　（積分点は両端点と 3 等分点計 4 個）

求めるものである．短冊公式が 1 つ次数の高い関数を積分できたので，この公式も 2 次関数まで誤差なく積分できるかと思えば，決してそうではなく，1 次関数までしかできないところがおもしろい．

③　2 次関数近似（シンプソンの公式，図 5.4.4）

積分点として，積分区間の両端点と中点の 3 点を用い，被積分関数をこの 3 点を通る 2 次関数で近似して，定積分の近似値を求めるものである．この公式での近似関数は 2 次であるが，実際には 1 つ次数の高い 3 次関数まで正しく積分できる．表 5.4.1 で，$\int_0^1 4x^3 dx = 1$ という正解が得られているのがその証拠である．

④　3 次関数近似（シンプソンの 3/8 公式，図 5.4.5）

積分点として，積分区間の両端点および中間点 2 点の計 4 点を用い，被積分関数をこの 4 点を通る 3 次関数で近似して，定積分の近似値を求めるものである．この公式も 3 次関数までしか積分できない．また，③のシンプソンの公式よりも精度が高いように思えるが，表 5.4.2 に示すように総積分点数が一緒なら③の方が良い結果を与えることが多いので，この 3/8 公式はあえて用いる価値がない．

⑤　ニュートン-コーツの公式の結論

区間の近似関数の次数を $n$ とすると，

・$n$ が偶数次の時は $(n+1)$ 次関数まで積分できる

第5章 応力解析のためのCAE理論

**表5.4.2 シンプソンの公式(2次関数近似)とシンプソンの3/8公式(3次関数近似)の総積分点数が等しい場合の比較(総積分点数＝7)**

| 適用公式 \ 積分 | $\int_0^1 6x^5\,dx=1$ | 区間分割の仕方 |
|---|---|---|
| シンプソンの公式<br>(2次関数近似) | 1.00154 | $\int_0^{1/3} 6x^5\,dx+\int_{1/3}^{2/3} 6x^5\,dx+\int_{2/3}^1 6x^5\,dx$ |
| シンプソンの3/8公式<br>(3次関数近似) | 1.00347 | $\int_0^{1/2} 6x^5\,dx+\int_{1/2}^1 6x^5\,dx$ |

・$n$が奇数次の時は，$n$次関数しか積分できない

というおもしろい結論に至る。特に$n$が3以上の奇数次の公式を使って積分しても，1つ下の偶数次の公式と精度がさほど違わない結果しか得られず，難しいことをした割には大した成果が得られないというわけである[注2]。

## (2) ガウスの数値積分公式 (Gauss-Legendre [ガウス-ルジャンドル] の公式)

数学者であり物理学者であるガウスは，ニュートン-コーツと同じ積分点数であってももっと精度の高い値が得られる積分公式を開発した。この公式によると，積分点数が$n$の時，$(2n-1)$次関数まで誤差なく積分できるため，現代のFEMの要素に関する積分は，すべてこのガウスの公式を使用して行われている。

ガウスの公式では，積分点として区間の両端点は使用せず，内点を使用するのが特徴である。この内点の位置をわかりやすくするために，積分区間$a\leq x\leq b$を，$-1\leq t\leq 1$となるように次式で置き換える。要するに一種の置換積分を行うことになる。

$$x=\frac{b-a}{2}t+\frac{b+a}{2}$$
$$l=b-a \tag{5.4.9}$$

---

[注2] $n$が偶数のとき$n+1$まで積分できてしまうという現象は「奇関数の$-a$〜$+a$での定積分値は0になる」という事実を知っていると理解できる。

## 5.4 数値積分

この時,積分点は $-1 \leq t \leq 1$ の区間内で対称に配置されるが,間隔は不規則である。ガウスの公式の積分点は,

ルジャンドルの多項式＝0

の解である。ルジャンドルの多項式についての詳細を知りたければ web で検索をかけてみるとよい。

①ガウスの2点公式（図5.4.6）

積分点の $t$ の値は,$\pm 1/\sqrt{3}$ であり,この公式では3次関数まで誤差なく積分できる。

②ガウスの3点公式（図5.4.7）

積分点の $t$ の値は,$\pm\sqrt{\dfrac{3}{5}}$ と0であり,重みは前者に対して 5/9,後者に対して 8/9 である。この公式では5次関数まで誤差なく積分できる

以上の2点公式と3点公式で,次の関数の定積分を $0 \leq x \leq 1$ の区間で計算してみた。その結果を**表5.4.3**に示す。

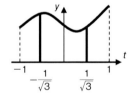

$$I \cong \frac{\ell}{2}\left\{f\left(-\frac{1}{\sqrt{3}}\right)+f\left(\frac{1}{\sqrt{3}}\right)\right\} \quad (5.4.10)$$

**図5.4.6 ガウスの2点公式**
（積分点は2個）

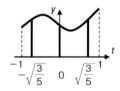

$$I \cong \frac{\ell}{18}\left\{5f\left(-\sqrt{\frac{3}{5}}\right)+8f(0)+5f\left(\sqrt{\frac{3}{5}}\right)\right\} \quad (5.4.11)$$

**図5.4.7 ガウスの3点公式**
（積分点は3個）

**表5.4.3 ガウスの公式による数値積分結果**
（結果が1のものは,誤差なく積分できたことを意味している）

| 適用公式 \ 積分 | $\int_0^1 4x^3\,dx$ | $\int_0^1 6x^5\,dx$ |
|---|---|---|
| ①2点公式 | 1 | 0.972 |
| ②3点公式 | 1 | 1 |

第 5 章　応力解析のための CAE 理論

$$y_2 = f_2(x) = 4x^3 \qquad (5.4.2)$$

$$y_3 = f_3(x) = 4x^5 \qquad (5.4.12)$$

2 点公式ではさすがに 5 次関数までは積分しきれないことがわかる。

### 5.4.2　ガウス型数値積分公式の 2 次元・3 次元積分への拡張

　FEM では，線積分だけでなく，面積分・体積分も行う必要があるが，その時は基本的にガウスの公式を適用する。以下，2 点公式を例に解説する。

**(1) 2 次元への拡張**

　正方形領域に対する積分は簡単で，2 点積分であれば $p, q$ の各方向にそれぞれ 2 点ずつの計 4 点とって適用すればよい（図 5.4.8）。

　FEM で必要となる次数は，2 次要素では 3 点公式，1 次要素では 2 点公式である。しかし最近の汎用プログラムには，積分点数を落とした要素が誕生してきており，この場合は，2 次要素で 2 点公式，1 次要素で 1 点公式が使用されることになる。数学的に見た場合，ひずんだ 2 次要素は 2 点公式では積分しきれないはずであるが，プログラムごとに工夫をこらしているようで，実用上は問題がないようになっている。

　三角形領域に対する積分は，三角形要素の変位関数が，四辺形要素に比べて

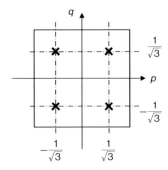

図 5.4.8　ガウスの 2 点公式の 1 次元への拡張（重みはすべて 1）

5.4 数値積分

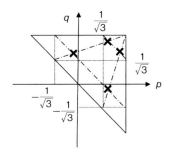

図 5.4.9 ガウスの2点公式の2次元への拡張（三角形面積分の積分点4点の場合）

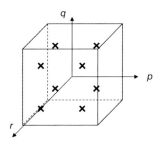

図 5.4.10 ガウスの2点公式の3次元への拡張（重みはすべて1）

高次項が省略されるために4点だと過剰になるが，3点では誤差を生んでしまうという悩みがある．このため，図5.4.9に示すように4点のままで積分したり，3点で誤差を減らす工夫を行ったりなど，プログラムごとに処理が異なっていて，その詳細は開発元にたずねてみなければわからない．

### (2) 3次元への拡張

六面体（立方体）領域に対する積分は簡単で，2点積分であれば $p, q, r$ の各方向にそれぞれ2点ずつの計8点取って適用すればよい（図5.4.10）．

3次元の場合には六面体の他，五面体が2種類と四面体があって，これらの積分の詳細もプログラムごとに異なっている．

## 5.4.3 低減積分

四角形や六面体の要素は，その高い解析精度のために頻繁に用いられていが，決して万能ではなく，またいくつかのトラブルも抱えている．

### (1) ロッキング現象への対処法

四角形1次要素を図5.4.11に示すような曲げが支配的な応力分布が発生する問題に適用すると，剛性が過大評価されて変形が小さく計算されてしまう．

第 5 章　応力解析のための CAE 理論

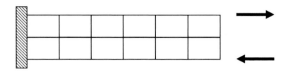

図 5.4.11　ロッキング現象が発生する問題の例

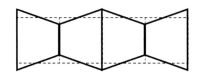

図 5.4.12　アワーグラス・モードが現れた変形の例

　これはロッキング現象と呼ばれていて，現在の FEM が変位法であることと，アイソパラメトリック 1 次要素を使用したことにも原因がある。このような場合の対処法として，積分点数をわざと 1 段階下げるという方法が効果的あることが経験的にわかっていて，これを低減積分と呼んでいる。この低減積分のオプションは，ほとんどすべての汎用プログラムが備えている。要素剛性マトリクスの計算の際に必要となる積分点数は，四角形 1 次要素で 4 点であるが，低減積分のオプションを使用すると，積分点数は 1 点になる。
　3 次元の場合には，六面体要素 1 次要素についても同様のことが発生する。
(2) アワーグラス・モード
　アワーグラスとは砂時計のことである。上記のロッキング現象を回避するために低減積分を用いると，解析条件次第ではあるが，図 5.4.12 のような砂時計の繰り返しのような異常変形が現れてしまうことがある。アワーグラス・モードが現れてしまった場合には，四角形 1 次要素の使用をやめて，2 次要素にするとか三角形要素にするなどの対処法を講じる必要がある。

# 5.5 連立方程式の解法

連立方程式の解法については，本来のFEMの理論の範囲には含まれないが，FEMの処理時間の半分以上を占める過程であるがゆえと，FEMとともに発展してきたこともあって，以下その概要について解説する。ここで解説する内容は，解法のごく基本的なアルゴリズムである。汎用プログラムでは，コンピュータの並列化処理の効率などを考えて，これに適したアルゴリズムが付加されているのが実情である。

ユーザーの立場として本節で理解すべきことは，解法の選択をしなければならなくなった時に，その意味を知って選択できるようになることである。ただし，解析結果の解釈の視点からは，本節の内容はあまり重要ではないため，直接法と反復法の存在さえ理解できれば，あとは読み飛ばしてもよい。

## 5.5.1 直接法と反復法

### (1) 直接法

直接法は静解析の求解の標準となっている解法である。直接法では全体の剛性マトリクスを組み立てる必要がある。また関係するマトリクスやベクトルの成分値は，操作が進むにつれて変化していく。

直接法ではマトリクスの1行目から$n$行目（$n$は方程式の元数）までの順に次のように処理が進んでいく。

① $i$行目に注目し，他の行（$j$行目とする）との間で次の処理が行われる
② $i$行目の対角項を$K_{ii}$，$j$行目の$i$列目の項を$K_{ji}$とし，$i$行目の各成分を$K_{ji}/K_{ii}$倍して$j$行目の対応する成分から引く
③ $j$行目の$i$列目の成分$K_{ji}$が消去される
   （＝0になる）

## 第5章 応力解析のためのCAE理論

　上記操作を書かれたとおりに実行すると，各行ごとに$i$列目から$n$列までマトリクスの横方向に消去が進むため，この処理順を横型消去法あるいは単に横型と呼ぶ。一方で，上記消去操作はある列に注目し，1行目から$i$行目まで進めるように簡単に変更できる。これを縦型消去法あるいは単に縦型と呼ぶ。単なる順序の違いだけではないかと思われるかも知れないが，FEMの世界では，後者の方が処理の高速化につながるので，不思議なものである。

　ここで①の操作をどの行に対して実施するかによって，次の2つの方法に大別される。

（ⅰ）$i$行目以外の全行に対して行う方法

　剛性方程式(5.5.1)を，対角項以外の成分がすべて0になるまで，さらには対角項も1になるように徹底的に式(5.5.2)のように変形するのがガウス-ジョルダン（Gauss-Jordan）法である。

　あらゆる直接法の中で最も時間の掛かる方法であってFEMの解法で採用されることはない。

$$\{F\} = [K] \times \{\delta\} \tag{5.5.1}$$

$$\Downarrow$$

$$\{F'\} = [D] \times \{\delta'\} \tag{5.5.2}$$

（本節では$[D]$を対角行列の意味で使用する）

　以下，この種の方程式に馴染みのない読者のために，本節では式だけでなく，関係するマトリクスとベクトルの形のイメージも合わせて表示することにする。マトリクスでは灰色の部分が非ゼロ成分が密集している個所，それ以外の部分はゼロ成分が占める個所を示している。

（ⅱ）$i$行目よりも下の行に対して行う方法

　この方法は$K$を実質2個の三角行列の積に分解（＝三角分解）するのであるが，見かけは$K$が上三角行列化されていくように見える方法で，ガウスの消去法と呼ばれているものが該当する。この方法は（ⅰ）に比べてはるかに効

率のよい方法である。

$$\{F\} = [K] \times \{\delta\} \tag{5.5.3}$$

⇩

$$\{F'\} = [U] \times \{\delta'\} \tag{5.5.4}$$

（[U] は上三角行列の意味）

## (2) 反復法

　マトリクスの成分値には変更を加えず，近似解から出発して正解に漸近させていく方法である。

　非線形解析では後述のように，最終の負荷荷重値までを複数のステップに分割して解析を進めていく。この場合には，直前のステップでの解が次の段階での近似解として利用できるため，反復法の効果が現れる。現在ではほとんどの汎用プログラムで非線形問題のデフォルト解法として反復法を採用しており，その中でも現在の主流となっているのは CG 法に基づいた ICCG 法である。

　一方で線形解析の場合には，効果的な近似解が存在しないことが多いため，反復法は直接法に比べてあまり有利ではないが，次のような場合には利用されることがある。

　① 大規模構造の線形解析

　全体剛性マトリクスを組み立てる必要がなく，演算に必要なメモリが直接法に比べて少なくて済む。このために，直接法で扱える規模構造よりも大規模な構造が扱える。

　② 素人が作成する FEM プログラム

　直接法を素人がプログラミングすると処理時間の遅いプログラムができるのが普通である。これは処理の高速化のための種々のノウハウがあって，あまり公表されておらず，それを知らない人がプログラミングすると，その部分が抜け落ちてしまうからである。しかし，反復法であれば公表されている範囲内で

第 5 章　応力解析のための CAE 理論

高速化が可能であり，このため，大学の研究者などが作成するプログラムには，反復法が採用されることが多い。

### 5.5.2　直接法の詳細

#### (1) 三角分解―修正コレスキー（Cholesky）分解

　直説法の簡単なプログラムは，プログラミング言語の知識があれば，上述のガウスの消去法を用いて作成可能である。ガウスの消去法は剛性マトリクスを式(5.5.5)のように下三角行列 $[L]$ と上三角行列 $[U]$ の積に分解することと同じである。

$$[K] = [L] \times [U] \tag{5.5.5}$$

このように三角分解した後，解を求めるにどのように処理を進めていくのかを解説しておこう。

三角分解すると，解くべき剛性方程式は式(5.5.6)のようになる。

$$\{F\} = [L] \times \underbrace{[U] \times \{\delta\}} \tag{5.5.6}$$

$$\{v\} = [U] \times \{\delta\} \tag{5.5.7}$$

$$\{F\} = [L] \times \{v\} \tag{5.5.8}$$

ここで式(5.5.7)に示すように $[U]\{\delta\}$ を $\{v\}$ と置くと，解くべき方程式は式(5.5.8)となる。この方程式は式(5.5.9)のように最初の数行を書き下ろしてみるとわかるように，$[L]$ が下三角行列であるという性質から $\{v\}$ の成分が上から順に求まっていくので簡単に解ける。この過程を前進代入と呼んでいる。

$F_1 = L_{1,1} v_1$

$F_2 = L_{2,1} v_1 + L_{2,2} v_2$

$F_3 = L_{3,1} v_1 + L_{3,2} v_2 + L_{3,3} v_3$

… ⇩

$$v_1 = F_1/L_{1,1}$$
$$v_2 = (F_2 - L_{2,1}\nu_1)/L_{2,2}$$
$$v_3 = (F_3 - L_{3,1}\nu_1 - L_{3,2}\nu_2)/L_{3,3}$$
$$\cdots \qquad (5.5.9)$$

$\{v\}$ が求まった後は,式(5.5.7)を解けば良い。この式の下から数行を書き下ろしてみると式(5.5.10)のようになるが,$[U]$ が上三角行列であるという性質から今度は $\{\delta\}$ の成分が下から順に求まっていくので,これもまた簡単に解けることがわかる。この過程を後退代入と呼んでいる。

$$v_n = U_{n,n}\delta_n$$
$$v_{n-1} = U_{n-1,n-1}\delta_{n-1} + U_{n-1,n}\delta_n$$
$$v_{n-2} = U_{n-2,n-2}\delta_{n-2} + U_{n-2,n-1}\delta_{n-1} + U_{n-2,n}\delta_n$$
$$\cdots \quad \Downarrow$$
$$\delta_n = \nu_n/U_{n,n}$$
$$\delta_{n-1} = (\nu_{n-1} - U_{n-1,n}\delta_n)/U_{n-1,n-1}$$
$$\delta_{n-2} = (\nu_{n-2} - U_{n-2,n-1}\delta_{n-1} - U_{n-2,n}\delta_n)/U_{n-2,n-2}$$
$$\cdots \qquad (5.5.10)$$

ここで「なぜガウスの消去法ではいけなくて,わざわざ三角分解をするのか?」という疑問が残ると思うが,これは一旦三角分解しておくと,同じ構造にいろいろな荷重が作用した時の解を求めるのに同じ三角分解の結果が利用でき,前進代入と後退代入だけ済むようになるからである。ただし,拘束はすべての荷重について共通でなければならない。汎用プログラムではここまでを考慮して作られているものである。

### (2) コレスキー分解

三角分解の仕方にはいろいろあるが,剛性マトリクスの対称性を利用して効率よく分解する方法としてコレスキー分解がある。

コレスキー分解は $[K]$ を式(5.5.11)のように分解する方法である。

$$[K] = [L] \times [L^T] \qquad (5.5.11)$$

ここに $[L^T]$ は式 (5.5.5) の $[U]$ に相当する上三角行列であるが，$[L]$ の転置に一致するように三角分解するのが特徴である．この分解のアルゴリズム自体は簡単なのであるが，式 (5.5.12) に具体例を示すように，必ず $\sqrt{\ }$ の演算が入るので，コンピュータの利用といえども，非常に時間が掛かるのが難点である．

$$\begin{bmatrix} 1 & 1/2 & 1/3 \\ 1/2 & 1/3 & 1/4 \\ 1/3 & 1/4 & 1/5 \end{bmatrix} = \begin{bmatrix} 1 & 0 & 0 \\ 1/2 & 1/\sqrt{12} & 0 \\ 1/3 & 1/\sqrt{12} & \sqrt{5}/30 \end{bmatrix} \times \begin{bmatrix} 1 & 1/2 & 1/3 \\ 0 & 1/\sqrt{12} & 1/\sqrt{12} \\ 0 & 0 & \sqrt{5}/30 \end{bmatrix} \quad (5.5.12)$$

#### (3) 修正コレスキー分解

この問題を解決するために考え出されたのが修正コレスキー分解で，剛性マトリクスを式 (6.13) のように対角行列 $[D]$ を挟むことによって三角分解しようとするものである．

$$[K] = [L] \times [D] \times [L^T] \quad (5.5.13)$$

式 (5.5.12) の左辺のマトリクスを修正コレスキー分解してみると式 (5.5.14) のようになって，$\sqrt{\ }$ の演算は現れないことがわかる．

$$\begin{bmatrix} 1 & 1/2 & 1/3 \\ 1/2 & 1/3 & 1/4 \\ 1/3 & 1/4 & 1/5 \end{bmatrix} = \begin{bmatrix} 1 & 0 & 0 \\ 1/2 & 1/12 & 0 \\ 1/3 & 1/12 & 1/180 \end{bmatrix} \times \begin{bmatrix} 1 & 0 & 0 \\ 0 & 12 & 0 \\ 0 & 0 & 180 \end{bmatrix} \times \begin{bmatrix} 1 & 1/2 & 1/3 \\ 0 & 1/12 & 1/12 \\ 0 & 0 & 1/180 \end{bmatrix}$$

$$(5.5.14)$$

現在の汎用プログラムの線形解析で採用されている解法は，すべてこの修正コレスキー法に基づいている．

### 5.5.3 処理順節点番号とバンド幅の縮小

#### (1) スパース行列

FEM の数値解析上の特徴として，実際に解析の対象となる構造で現れるような剛性マトリクスは，非ゼロ成分よりもゼロ成分の方がずっと多いことである．しかも剛性マトリクスの行番号順（＝列番号順）を適切に選ぶと非ゼロ成

## 5.5 連立方程式の解法

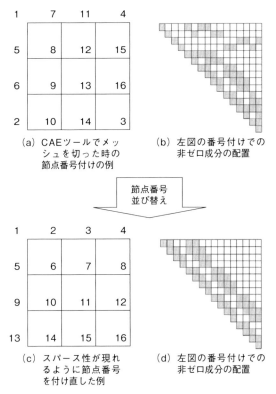

図 5.5.1 節点番号付けによるマトリクスのスパース性の違い

分が対角項付近に集まり，左下と右上にゼロ成分が集まる。これをスパース行列と呼ぶ。

例えば，図 5.5.1 (a) は CAE ツールにメッシュを切らせたままの状態の節点番号配置の例である。この場合に出来上がる剛性マトリクスの非ゼロの成分の配置を 1 節点 1 自由度として示すと同図 (b) のようになり，これはスパース行列とは言い難いものである。しかし，この節点番号を同図 (c) のように付け直すと非ゼロの成分の配置は同図 (d) のようになり，同じ構造のマトリクスであるにもかかわらずスパース性が現れる。

スパース行列での演算は，非ゼロ成分の外領域にあるゼロ成分は，消去の演

207

算の際に終始値がゼロのままとなるので演算を省略でき，連立方程式を速く解くことができる。このため汎用のFEMプログラムの内部では番号の付け替えをしてスパース性を高めるようになっているのが普通である。このような節点番号のことを，処理順節点番号などと呼んでいる。なお，汎用プログラムでの剛性マトリクスは1節点6自由度であり，このとき図5.5.1中の成分は6×6のマトリクスになる。

### (2) バンド幅

スパース性の指標の1つがバンド幅である。

バンド幅は，$i$行目に注目した時，対角項（$i$列目）からその行の最右端の非ゼロの値の位置（$j$列目）までの成分の個数であり，式で表せば$j-i+1$となる。この時，実際には$j$がそれよりも上の行での$j$よりも実際には小さくなることがあるが，バンド幅の計算上は$j$は直前までの最大値とその行の値の大きい方を取る。連立方程式を横型の直接法で解く際には，このバンド幅内だけについて計算すればよく，その外側のゼロ領域は求解の際の演算によっても非ゼロになることがない。

**図5.5.2** (a) (b) には各行ごとのバンド幅の値を記載してある。バンド幅は行ごとに違う値をとるために，総合評価としては，平均値や最大値などを用いて行う。ここでは平均値を用いる。そしてざっくりとした結論を述べるならば，このバンド幅が小さいほどスパース性が高い。

### (3) スカイライン幅

スパース性のもうひとつの指標がこのスカイライン幅であり，バンド幅が各行の終わりの列に注目するのに対して，各行の始めの列に注目する。言い換えれば，各列の一番上の非ゼロの値の位置$i$列目に注目した時，その行の一番上の非ゼロの値の位置$j$行目から対角項（$i$行目）までの成分の個数であり，式で表せば$i-j+1$となる。バンド幅とは違って他の列の状態の影響を受けない。スカイライン幅も小さいほどよい。

## 5.5 連立方程式の解法

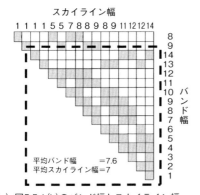
(a) 図5.5.1(b)のバンド幅とスカイライン幅

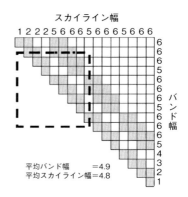
(b) 図5.5.1(d)のバンド幅とスカイライン幅

**図 5.5.2　バンド幅とスカイライン幅**
（破線は3行目の処理に必要なマトリクスの領域。(b)の方がはるかに小さい。各行でこの領域が小さいほど処理時間が短くて済む）

スカイラインの本来の意味は空と山の境界線で，いわば連山のシルエットである。都会生活に慣れている読者に対しては，ビルの屋上のラインが作る空との境界のシルエットと説明した方がわかりやすいかも知れない。マトリクスの各列の最上部の非ゼロ要素が作るシルエットラインが，ちょうどスカイラインのように見えることから名づけられたものである。

連立方程式を縦型の直接法で解く際には，このスカイライン幅とバンド幅を利用することにより，バンド幅だけを利用して解く場合に比べて，ゼロ成分の演算の省略を格段に高めることができ，また必要なメモリも少なくて済む。

### (4) ウェーブフロント法

直接法では全体の剛性マトリクスを組み立てる必要がある。しかし，最初から最後まで全体のマトリクスの操作が必要なわけでなく，消去演算に必要な部分だけ組み立てればよい。図5.5.2でその例を示せば，3行目に関する三角分解の操作を横型消去法で行っている時，必要となるマトリクスの成分はバンド幅を1辺とする正方形領域内だけである。したがって，この時バンド幅はなるべく小さくなるように並べ替えておき，処理順の節点番号順に次の操作を行え

第5章 応力解析のためのCAE理論

ばよい．
① これから処理しようとする節点が所属する周囲の要素をすべて呼び出す
② ①の要素剛性マトリクスを全体剛性マトリクスに組み込む
③ ①の節点に関する行と列は消去できる
④ 処理済みのマトリクスはハードディスクなどに書き出し，メモリを解放する
⑤ 以下①から③までを全節点について消去できるまで繰り返す

　ウェーブフロント法はスパース行列の性質をうまく利用することにより，使用メモリを節約することができるので，1980年代以前のコンピュータのメモリが小さかった時代には必須のアイテムであった．

　ウェーブフロントとは，海岸線での波打ち際のことであるが，消去処理の対象となっている要素の節点群の中で未消去のものが，構造の中でちょうど波が押し寄せて来る時の波打ち際のように見えることからこの名がある．

### 5.5.4 反復法（ICCG法）

　CG法は，もし無限桁の演算ができるならば，$n$元方程式を$n$回の反復で，必ず正解に到達するという反復法で，準直接法とも呼ばれている．そのアルゴリズムは図5.5.3に示すように非常に簡単なものである．ただし，実際には有限桁の演算しかできないために，$n$回反復したからといって，正解にたどり着く保証はなく，また$n$回よりも少ない回数での収束を期待して利用されるために，反復法扱いされている．

　現在実際に使用されているのは，ICCG法という改良版CG法である．CG法は，[K]の性質によっては，収束が良くない場合もあるのが難点である．しかし，解けないというのでは困るので，これを改善するために近年考え出されたのが，CG法適用の前処理として[K]を不完全ながら修正コレスキー分解し，この分解マトリクスに対してCG法を適用する方法である．これをICCG法と呼んでいる．不完全な修正コレスキー分解とは，あまり手間を掛けずに，[K]を，

## 5.5 連立方程式の解法

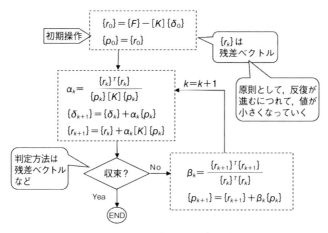

図 5.5.3　CG 法のアルゴリズム

$$[K]=[L'][U'][L']^T+[A] \qquad (5.5.15)$$

の形に分解することで，その分解の仕方にはノウハウが含まれる．

### 5.5.5　固有値解析（ランチョス（Lanczos）法）

ランチョス法は 20 世紀半ばに提案され，その後の大規模マトリクスの固有振動数解析の世界を一変させてしまった非常に優れた解法である．それまでは，固有値を求める計算は静解析に比べて何倍・何十倍も時間の掛かるものであったが，ランチョス法は大規模な構造でも，その固有振動数を静解析並みの時間で解いてしまう方法である．

モーダル解析で現れる行列式 (5.1.16) をいったん式 (5.5.16) の形に変換する．

$$|[K^e]-\omega^2[M^e]|=0$$
$$\Rightarrow |[A]-\lambda|=0$$
$$[M^e]=[L][D][L^T]$$
$$[A]=[D]^{-1}[L]^{-1}[K^e][L^T]^{-1}$$
$$\lambda=\omega^2 \qquad (5.5.16)$$

ここに $[L]$ と $[D]$ は $[M^e]$ を修正コレスキー分解した時にできる下三角行列

211

## 第5章 応力解析のためのCAE理論

と対角行列である。

ランチョス法は，式(5.5.16)を式(5.5.17)のような三重対角行列（＝対角項とその両隣の成分だけが0でない行列）に変換してから固有値を求めようとするものである。

$$\begin{vmatrix} \lambda-\alpha_1 & \beta_1 & & & & \\ \beta_1 & \lambda-\alpha_2 & \beta_2 & & 0 & \\ & \beta_2 & \lambda-\alpha_3 & \beta_3 & & \\ & & \beta_3 & \ddots & \ddots & \\ & 0 & & \ddots & \ddots & \beta_{n-1} \\ & & & & \beta_{n-1} & \lambda-\alpha_n \end{vmatrix} = 0 \qquad (5.5.17)$$

三重対角化した後は，次の漸化式(5.5.18)を用いれば，高次方程式の形に書き下ろすことができ，近似解を求めることができるようになる。

$$g_0(\lambda)=1$$
$$g_1(\lambda)=\lambda-\alpha_1$$
$$g_2(\lambda)=(\lambda-\alpha_1)(\lambda-\alpha_2)-\beta_1^2$$
$$\vdots \quad \vdots$$
$$g_n(\lambda)=(\lambda-\alpha_n)g_{n-1}(\lambda)-\beta_{n-1}\gamma_{n-1}g_{n-2}(\lambda) \qquad (5.5.18)$$

FEMで実際に適用されるのは，この発展形のブロック-ランチョス法という方法である。

ランチョス法は発表されてから実用化されるまでに40年近くを要した。それは，この方法がいくら理論的には素晴らしくとも，有限桁で演算するコンピュータ上では誤差が積もりやすく，得意とする大規模構造となると実用的な解が得られなかったからである。しかし，1980年代後半にMSC Nastranが誤差を除去するアルゴリズムを開発して実用化を図り，ランチョス法はその後15年の間にほとんどすべての汎用プログラムの標準解法となった。

ただし，高次の固有振動数までを解析しなければならない振動や制御の専門家たちは，老舗のプログラム以外は信用しないのが普通である。また，年配エンジニアの中には，ランチョス法の存在を知らない人も多いので，若い方々は対話の際に要注意である。

## 5.5 連立方程式の解法

### 5.5.6 非線形問題の解法

まず，非線形解析の実績がある汎用プログラムというものは極めて限られているので，もしこの種の解析の必要があれば，自分の目的に合ったプログラムを選んで解析すると良い。

#### (1) 非線形解析の共通点

非線形解析では荷重と変位が比例しない。このため，図 5.5.4 に示すように負荷を区間分割し，区間内ではまず接線の傾きを用いて線形解析を行う。するとその行き先は本来の値からずれるために，引き続きその値に収束させるための計算を行う。目標値までの間を区間分割しながら順次かけていくのが特徴である。

この時ユーザーにとっては，線形解析の時とは異なり，次の指定が必要となる。

① 区間分割数　$N_1$
② 各区間の荷重増分値　$\Delta f_i$
　（または区間端の荷重値 $f_i$）
③ 収束計算の回数　$N_2$

これらの値は問題ごとに適切なものを選ばなければならず，またその設定の

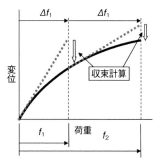

図 5.5.4　非線形解析と収束計算のイメージ

第5章 応力解析のための CAE 理論

際には経験が必要となる。したがって，その設定を試行錯誤で行うこともやむを得ない。

非線形問題での解法において共通なことは，ある区間の解析結果が次の区間の解析に使用されることである。その情報をどの点で記録して残しておくかは非常に重要な問題である。現在標準となっているのは次のような持ち方である。
　ⅰ．荷重値・変位値は節点で持つ
　ⅱ．ひずみ，応力は積分点で持つ（節点値が必要なら外挿して求める）

非線形解析でユーザー側から見た場合の最大の問題点は，応力とひずみの種類である。通常非線形解析では大きな応力とひずみが出てくる可能性が高い。そうなると，真応力・真ひずみと公称応力・公称ひずみの値の相違という問題が現れてくる。FEM のプログラムで用いられているのは前者の組み合わせである一方で，材料の機械的性質の中の最も重要な指標である引張強さの値は，延性材の場合には塑性域に奥深く入り込んでの値であるにもかかわらず公称応力で表示するように JIS 規格で定められている。要は，せっかく複雑な解析を行っても，出てきた応力の解釈がわからないというケースが発生し得るので要注意である。

**(2) 代表的な各非線形問題での注意点**
　① 材料非線形問題
a. 非線形弾性問題

プラスチックなどで見られる非線形弾性の現象は，負荷後除荷すると原点に戻るという現象であり，解析時には上述の区間分割を適切に行う必要がある。
b. 弾塑性問題

弾塑性問題では，負荷し始めた最初は弾性域であり，負荷増加過程のどこかで最初の積分点での降伏が発生し，その点では弾性から塑性へと状態が変化する。その後は近隣あるいは他の点が次から次へと塑性域に入っていく。

解析上問題なのは，この状態の変化が負荷仮定のどこで発生するかがわからないので，最初の荷重増分値が決められないことである。このため，単調増加

型の弾塑性問題では，最終荷重まで一気に負荷してみて，プログラムに最初の降伏が発生する荷重値を出力させ，区間分割の参考にするなどという予備計算が必要となる場合がある．また最近は上記のような操作を自動で処理してくれるプログラムも多い．

弾性から塑性への変化点を把握するには，等方性金属材料やプラスチックであれば，フォン・ミーゼスの相当応力 $\sigma_{eq}$ を用いて降伏判定を行うのが普通である．

なお，負荷から除荷また負荷というような解析を行う場合には，等方硬化則や移動硬化則などを適宜指定する必要がある．このあたりの知識は Web で検索することによって仕入れるとよい．

② 幾何学的非線形問題

幾何学的非線形は，単独で現れることもあれば，他の非線形問題と複合して現れることも多い．そして多くの場合，大変形に伴なって部材全体あるいは一部が大きく回転することもあって，この場合には座標系が最初に設定した方向と解析結果で設定されている方向が違うことになるので要注意である．

③ 境界非線形問題（接触問題）

いわゆる接触部の「くっついた・離れた」を判定する解析である．

接触部位に接触要素と呼ばれる特殊な梁要素を入れ，例えば軸力が正なら「離れた」，負なら「くっついた」と判定する．理屈は簡単だが，荷重ステップの設定によっては収束しないことも多い．また接触要素を節点間に入れて解析するタイプのプログラムでは，2次要素の使用は基本的に好ましくない．

④ 非線形解析に使用する要素

一般に非線形解析では，高次要素の使用は避けた方がよい．これは，5.3節の等価節点荷重のところで指摘したように，高次要素というものは物理的挙動とかけ離れた応答をすることがあり，このことが解析上支障を来たす場合があるからである．したがって線形解析では見向きもされない三角形（あるいは四面体）1次要素を用いてメッシュを細かくして解析するというアプローチが賢明である．

第5章 応力解析のための CAE 理論

## 5.6 結果の表示と評価

### 5.6.1 変形の見方と解釈

(1) 変位の計算の仕組み

現在の FEM は変位 $\{\delta\}$ を未知数とした方程式,

$$\{F\}=[K]\{\delta\} \tag{5.1.1}$$

を作り，これを解くことによって変形を表す変位ベクトルが計算されてくる。プログラムはその全体をユーザーの希望する形で表示してくれるようになっているとともに，最大値と最小値も表示してくれるのが普通である。ユーザーの希望する形とは，数値をリスト出力して眺めることもできるが，現代の主流はそれよりも，グラフィックな形で出力してビジュアルに見ることである。

以下，図 5.6.1 のような中心に穴のあいた正方形の一様引張りの問題を例に具体的に説明する。剛体変位を止めるため，左下の頂点を固定し，さらに剛体回転を拘束するために右下の頂点の $y$ 方向変位を拘束している。解析に使用したプログラムは ANSYS である。

解析に使用したメッシュを図 5.6.2 に示す。使用要素は四角形2次要素である。

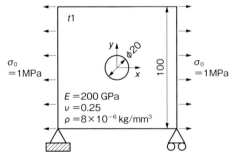
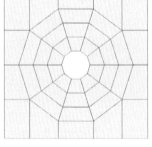

図 5.6.1　中心に穴のあいた正方形の一様引張りの問題　　図 5.6.2　図 5.6.1 のメッシュ

## 5.6 結果の表示と評価

この問題の最大主応力は円孔上下端に発生し，その値は別途後述するが3.36 MPa である。なお，このメッシュは表示を見やすくするためにわざと粗くしてある。また最大応力点をわざと頂点節点からはずしてある。

### (2) グラフィック出力—変形図

変形図は，解析結果を最も直観的に表示してくれるものであり，すべての出力項目に先立って見るものである。なぜなら，変形図の元となっている変位ベクトルは，FEM が解いて求める直接の結果だからである。

変形図の表示の仕組みは，要素図あるいは外形状の作画の仕組みと同じである。ただし位置情報として節点座標を使用するのではなく，節点座標に変位量を加えたものを使用する。しかし，通常の機械装置の変位量は目に見えないほどの大きさであるために，原形図と変形図の区別は事実上つかない。そこで変位量の最大値が全体構造寸法の最大値の数十分の1程度となるように倍率を掛けて誇張している。このために実際にはあり得ない変形が表示されることがある。

図 5.6.3 は図 5.6.2 の外形状の上に，$xy$ 両方向の変形図を描かせたものである。ANSYS をはじめ多くのプログラムでは，頂点間を直線で結んで表示され，辺上節点は無視される。変形図には通常最大値と最小値が表示される。この値は2つの理由で最大や最小を捉えていない可能性があるので要注意である（後述する「5.6.5 分割が粗いために発生する問題」(2) 参照)。

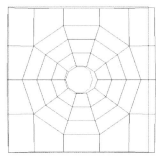

図 5.6.3 変形図

第 5 章　応力解析のための CAE 理論

(a) xy両方向の変位の合成

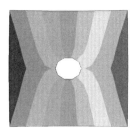
(b) x両方向のみの変位

図 5.6.4　変形のコンター図

(3) グラフィック出力—コンター図

コンター図は，原形図または変形図の中に，変位の大きさに応じた色分けで変形の様子を見せてくれるものである。図 5.6.4 (a) は全方向の変形のグラフィック表示である。もし穴中心が変形の基準点であるなら，上下左右に対称に変形する様子が縞模様として見えるはずであるが，この場合は左下が固定点のために非対称となってしまう。そこで，同図 (b) のように $x$ 成分だけを表示させてみると対称性が見えるようになる。この成分別表示は，提出資料などで誤解を招きたくない場合など，目的に応じて利用するとよい。

(4) リスト出力

リスト出力は，特定の節点での変位値を知りたい場合に出力する（表 5.6.1）。FEM での計算値を手計算結果と照合する時などに利用する他，線形破壊力学

表 5.6.1　円孔周囲の節点座標と変位のリスト出力

| NODE | X | Y | UX | UY |
|---|---|---|---|---|
| 101 | 10.0000 | 0.0000 | 4.0318E−04 | −3.8776E−05 |
| 110 | 9.5104 | 3.0900 | 3.9953E−04 | −5.7000E−05 |
| 109 | 8.0902 | 5.8779 | 3.7450E−04 | −7.8687E−05 |
| 155 | 5.8778 | 8.0901 | 3.3495E−04 | −9.0459E−05 |
| 146 | 3.0901 | 9.5104 | 2.9198E−04 | −9.7827E−05 |
| 147 | 0.0000 | 10.0000 | 2.3812E−04 | −1.0567E−04 |

での応力拡大係数を計算する際にはクラック縁の節点変位を出力する必要がある。

### 5.6.2 応力の見方と解釈

#### (1) 応力の計算の仕組み

① まず，積分点における要素応力が求まる

節点変位 $\{\delta\}$ が求まったあとは，要素ごとの積分点において，ひずみ $\{\varepsilon\}$，応力 $\{\sigma\}$ が，次のようにして計算される。座標系に従った6個の成分である。

$$\{\varepsilon\}=[B]\{\delta^e\} \tag{5.1.9}$$

$$\{\sigma\}=[D]\{\varepsilon\} \tag{5.1.8}$$

FEMで真っ先に求まるのは要素の積分点における応力であって，節点応力ではない。また要素応力は積分点ごとに計算されてくる。

② 次に，要素節点応力を求める（図5.6.5）。

要素節点応力というものは，要素応力を基に，成分ごとに次のようにして求める。

・積分点が1個の場合には，その値をその要素に所属するすべての節点の応力値とする。

・積分点が複数個の場合には，それらを要素節点に外挿して求める。外挿関数としては $[B]$ マトリクス，または写像関数（$[N]$ マトリクス）を使用する。ただし，いい加減なプログラムでは，頂点に近い積分点の応力値をそのまま

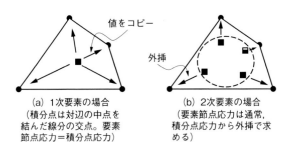

(a) 1次要素の場合
（積分点は対辺の中点を結んだ線分の交点。要素節点応力＝積分点応力）

(b) 2次要素の場合
（要素節点応力は通常，積分点応力から外挿で求める）

図5.6.5　要素応力と要素節点応力

## 第 5 章　応力解析のための CAE 理論

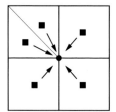 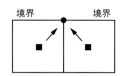

(a) 周囲が要素で取り囲まれている節点では，1次要素であっても，平均値＝節点位置での応力値に近い

(b) 1次要素の場合，境界上の節点は要素寸法の1/2の位置での応力になる

図 5.6.6　節点平均応力

節点値として出力していることがあるようである。

線形解析の場合には，このような外挿を行わずに式(5.1.8)および式(5.1.9)から直接要素節点のひずみと応力を計算することができ，実際にこの方法で求めているプログラムもある。

③　節点平均応力を求める（図 5.6.6）

ある節点から見ると，そこでの応力値としては，周囲の要素から計算されてきた要素節点応力が要素数だけ集まってくる。そこで，節点平均応力としては，要素節点応力の単純平均を取る。これも成分ごとに計算される。

2次要素では辺上節点の応力は両側頂点での値の中間値を取るために表示されないのが普通である。

### (2) 応力の種類

汎用プログラムの応力の出力項目には，主なものだけでも，応力成分，主応力，相当応力の3種類があって，どれを見たらよいのかに困ることがあるが，一般の設計上重要な順位は次のとおりである。その理由について**表 5.6.2** に示す。

第1優先順位＝相当応力

第2優先順位＝主応力

## 5.6 結果の表示と評価

**表 5.6.2 設計の視点から見た応力の種類の優先順位**

| 優先順位 | 応力の種類 | 優先順位の理由 |
|---|---|---|
| 1 | 相当応力 | 現在，金属材料の降伏判定は，フォン・ミーゼスの相当応力（以下ミーゼス応力）で行うのが常識となっている。また非金属の降伏判定にも，引張りと圧縮で挙動が大きく異なるものを除いてはミーゼス応力が使われている。このことからまず最初に見るべきものはミーゼス応力である。<br>　ミーゼス応力の欠点は応力状態の正負がわからないことであり，その検討のためには主応力の助けを借りる必要がある。 |
| 2 | 主応力 | 引張強さが圧縮強さよりもはるかに低い材料や，疲労強度・脆性破壊強度を検討する際には，最大引張応力が破壊現象を支配するために，最大主応力を見るのがよい。疲労でクラックが発生する場合には引張りの主応力発生方向に対して垂直方向に入るという性質もある。<br>　なお，2次元平面問題やシェル構造においては，部材表面での主応力と相当応力の値は理論上等しくなる。 |
| 3 | 応力成分 | 6個の応力成分は真っ先に計算されてくるものでありながら，特定の応力成分を見たい場合というニーズは，手計算との照合などチェック目的以外ではあまりないのが実情である。 |

第3優先順位＝応力成分

### (3) 応力のグラフィック出力—コンター図

図 5.6.7 はフォン・ミーゼスの相当応力のコンター表示であり，(a) が要素応力，(b) が節点平均応力である。両図を見比べると，要素応力のコンター図は要素分割が粗い時には角々しさがあるが，一方の節点平均応力のコンター図は滑らかである。また，多くの解析プログラムで後者がデフォルト出力となっているために，ついつい注目してしまいがちだが，次のような状態の節点平均応力は意味を持たないことを知っておかなければならない。

① バイメタルのように異種材料が接合されている場合の接合面方向の垂直応力
② 第3章で解説した第一種の応力集中源が特異点化した位置

これらの位置では応力が不連続になるので，平均化した応力値には意味がなくなる。そればかりか，不連続点のそばには公称応力的には高い値が発生していても，別の要素の応力と平均化されると通常は低い値と化してしまう。その

第 5 章　応力解析のための CAE 理論

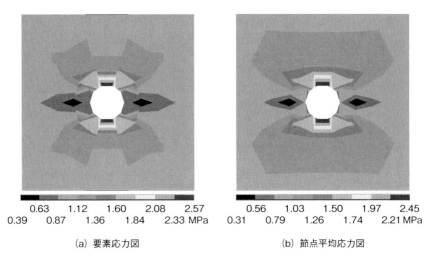

　　　　(a) 要素応力図　　　　　　　　　　(b) 節点平均応力図

図 5.6.7　フォン・ミーゼスの相当応力のコンター図

ために，強度評価上その高い応力が極めて重要な値であるにもかかわらず，表示されないために気づかなくなってしまうのである。しかし要素応力を表示すれば，このような不連続な位置での応力も適切に表示してくれるのである。

　また図 5.6.7 から，円孔表面付近の最大応力は要素応力の方が高いことがわかる。この傾向は少数の例外を除いては一般的なものであるので知っておくとよい。

　以上のことから，強度評価が目的で応力図を見るのであれば，真っ先に見るべきは要素応力の方であることがわかるであろう。CAE プログラムの中には要素応力が表示されないものもあるが，そのようなもので後述のリブの根元などの特異点の強度評価に必要な応力値を求めるのは極めて困難であるので，使用は避けるべきである。

**(4) 主応力のグラフィック出力—矢印表示（図 5.6.8）**

　主応力だけに備わっている特別の出力方法として，主応力の 3 成分をベクトルの成分とみなして矢印表示する機能がある。2 次元の場合には見やすく，し

5.6 結果の表示と評価

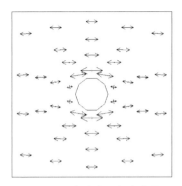

図 5.6.8 主応力の矢印表示

かも荷重の伝わり方が見えるので，非常に有用である。3次元の場合も同様に有用なのであるが，矢印が立体的に表示されるために，これを見るためのCGの水準が追いついていない。

(5) リスト出力

応力値もリスト出力が可能である。特定の節点での応力値を知りたい場合に出力するが，変位が節点での値を出力するのに対して，応力は積分点での値からの外挿であるため，理論値との照合の際には要注意である。

### 5.6.3 モーダル解析の見方と解釈

(1) 固有振動数とモード形状の計算

モーダル解析を行って直接求まるのは固有値に相当する $\omega^2$（$\omega$ は角速度）であり，低次の値から順（＝小さい順）に表示される。図 5.6.1 の問題の拘束を外して，自由振動問題として解いて得た固有振動数の最初から 10 次までを表 5.6.3 に示す。このように，もし全く拘束を受けない構造物が振動すると，最初の 6 個はいわゆる剛体モードとなって，対応する固有振動数は 0 になる。4次〜6次は 0 でないように見えるが，これは数値計算上の誤差であって，実質は 0 と解釈する。

第 5 章　応力解析のための CAE 理論

表 5.6.3　固有振動数の解析結果の例

| 次数 | 固有振動数（Hz） | 次数 | 固有振動数（Hz） |
|---|---|---|---|
| 1 | 0 | 6 | 1.72E-03 |
| 2 | 0 | 7 | 319.12 |
| 3 | 0 | 8 | 459.14 |
| 4 | 4.87E-04 | 9 | 545.05 |
| 5 | 8.87E-04 | 10 | 839.48 |

　固有値が求まった後は，$i$ 番目の固有値 $\omega_i^2$ に対する固有ベクトル $\{\lambda_i\}$ が式 (5.6.1) を解くことによって求められる。

$$([K]-\omega_i^2[M])\{\lambda_i\}=0 \tag{5.6.1}$$

　この固有ベクトルは不定であって値が一意に決まらないが，固有振動数でどのような振れ方をするかというモード形状（振動の形）であり，静解析における変形形状に相当するものである。

(2) モード形状の表示

　モード形状は静解析時の変形図のように表示もできるが，最近の汎用プログラムにはアニメーション機能が備わっているので，是非これを利用してみるとよい。振動の様子がリアルに見えるようになる。ただし，この場合もスケールに騙されないように要注意である。モード形状のコンター図表示は，振動モードの節（ふし）を知るのに有効である。高次の固有振動数まで計算する必要のある人にとっては，ねじりの場合には節が直線状に現れるなど，モードの見分けに利用できるからである。表 5.6.3 の 7 次と 8 次のモードに対応するコンター図を**図 5.6.9** に示す。

(3) 固有ベクトルの正規化

　モード形状というものは，図 5.6.9 で見る限り変形図と同じように見えるが，実は固有振動数における振幅は理論上無限大であって値が決まらない性質を持っている。しかし固有ベクトルの成分間の比率は決まっているので，どこかの

## 5.6 結果の表示と評価

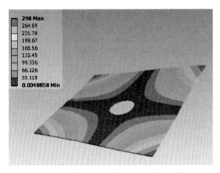
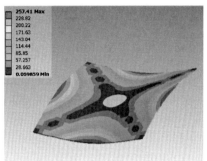

(a) 7次のモード（$f$=319.12 Hz）　　(b) 8次のモード（$f$=459.14 Hz）

図 5.6.9　図 5.6.1 の形状の自由振動の解の例

表 5.6.4　固有ベクトル $\{\lambda_i\}$ の代表的な正規化の方法

| | 正規化の方法 | 数式表示 |
|---|---|---|
| ① | 固有ベクトルの成分の最大のものを 1 とする | $\max(\{\lambda_i\}) = 1$ |
| ② | 固有ベクトルの絶対値を 1 とする | $\|\lambda_i\| = 1$ |
| ③ | 質量マトリクスに対して正規化する | $\{\lambda_i\}^T [M] \{\lambda_i\} = 1$ |

値を仮に決めることによって図 5.6.9 のような振動の形を図示することができるのである。この仮に値を決めることを固有ベクトルの正規化と呼んでいる。

正規化の代表的な方法としては，表 5.6.4 に示す 3 種類がある。①と②は，一般の固有値問題で適用される有名な方法であり，振動の問題でも 20 年以上前までは主にこれらが採用されてきた。しかし，最近では周波数応答解析の際のモード合成法の視点などから，振動問題独特の方法である③がもっぱら適用されるようになってきている。

### (4) 正規化されたモード形状に関する注意

正規化の方法①の場合には，誰もがその値自体には意味がないことがわかるのであるが，②や③の場合には，固有ベクトルの値が物理的に意味があるかのように見えてくる。特に，汎用プログラムの中にはモード形状を長さの単位で

表示するものがあるので，振動問題に詳しくないユーザーは余計にそう思うのである。しかし，既に解説したように，モードの値は表5.6.4のような方法で仮に設定したものであって，その値自体に物理的意味はないし，その結果として別のモードの値同士を比較することにも意味はない。例えば図5.6.9において，モードの最大値を見ると，7次で298，8次で257.41と読めるが，7次の最大値の方が大きいからといって，7次の振幅の方が大きいと判断するのは誤りである。

なお，モード形状は正規化しても正負までを決定することはできない。このため，同じ構造のモーダル解析を2人が別々に行った結果，出てきたモード形状は反対向き，ということがあり得る。また，過去に自分が行った解析をやり直してみたら，以前と逆向きに表示されることもありうる。

### 5.6.4 微小変形理論ゆえのおかしな現象

通常のFEMは線形解析を行う。これが原因で，実際の現象とは異なった挙動をすることがある。列挙するときりがないので，代表的なものを3例示す。

#### (1) 梁の先端はどこまでも垂直方向に…（図5.6.10）

片持ち梁にせん断荷重や曲げモーメントを掛けた時に，その先端はどのように変位するかを考えたことがあるだろうか。材料力学の本を見ると，軸に垂

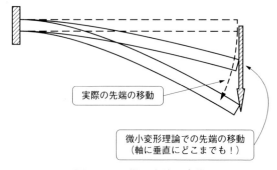

図5.6.10 梁の先端の変位

## 5.6 結果の表示と評価

直方向のたわみ $\delta_y$ については計算式が載っているが,軸方向の変位 $\delta_x$ については見たこともないはずである。これは材料力学の公式が線形理論に基づいているからであって,その結果 $\delta_x$ は 2 次の微小量となって省略されるからである。したがって図 5.6.10 に示すように,片持ち梁の先端は,軸に垂直な方向だけに変位するという現実とは異なる結果となるのである。これを計算したければ大変形の非線形解析を行う必要がある。シェルの曲げにおいても同じことが起きる。

### (2) 両端固定梁（図 5.6.11）

両端固定梁にせん断荷重を掛けた場合には,(1) と同じ理由から本来は発生する軸力が線形理論では無視される。しかし特に細い梁や薄いシェルなどでは軸力は無視できない大きさのものが現れ,このことに気づかずに起きている破壊事故も多いため,要注意である。両端固定状態の時にたわみ量が板厚や梁の高さを超えるような値が得られた場合には,大変形解析による確認が必須である。

### (3) 直径両端に引張りを受ける円板（図 5.6.12）

弾性論の分野では昔からよく知られている直径両端を引張った円板の問題がある。この問題での荷重点の位置は第二種の特異点となり,この場合には応力も変位も無限大となる。

応力が無限大になるのは,集中荷重なので作用面積が 0 であるから当たり前

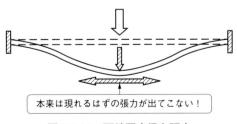

図 5.6.11　両端固定梁と張力

第 5 章　応力解析のための CAE 理論

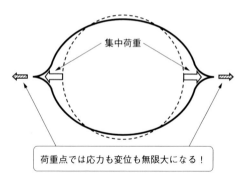

図 5.6.12　直径両端に引張りを受ける円板
（特異点の問題の例）

であるが，変位までが無限大になるのは微小変形理論のせいである。

　ソリッド要素での解析を行う際に集中荷重や線荷重を掛けたり点拘束・線拘束をしたりすると，この特異点になり，メッシュを細分化していくと応力も変位も際限なく大きくなっていくものである。要はその点での応力と変位に注目することには意味がなくなる。スポット溶接やリベット止めを部品間の節点同士の結合で表現しても，この特異点になるのでモデル化の際には要注意である。

### 5.6.5　分割が粗いために発生する問題

　FEM での解析は，ほとんどの場合近似解が求まるだけである。十分に精度の高い解を得ようとすれば，それなりの細かくまた規則正しいメッシュが必要となるが，常にそのようにするわけにもいかない。ここではメッシュが粗いために，誤解を生みそうな現象について 2 例紹介する。

(1) 節点間は直線で結ばれる！

　要素図でも同じであるが，FEM のほとんどのプログラムは，節点間を滑らかな曲線で結ぶことはまずなく，直線で結ぶと思ってよい。このため，変形図もメッシュが粗いとしばしば誤解を招くような形となることがある。例えば図 5.6.13 の両端固定梁で荷重点の変位を求めたい時，梁要素を使うならば，節点

5.6 結果の表示と評価

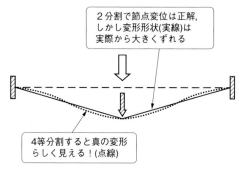

図 5.6.13　分割の粗さが招く不都合

を中央だけに配置して2分割すれば正解が得られる。しかし，その変形図はV字形となって正しい変形からはかなりずれてしまう。材料力学には詳しいがFEMのこのようなサボリを知らない人にこのような図を見せると，「固定点の回転角は0になるはずなのに角度が付いているからおかしい」ということがあり，特にそれが目上の人の場合には説得に困ることがある。

このような事態を避けるためには，提出資料などでは本来1分割でよいところであっても4等分割以上にすると図5.6.13の点線のようになって誤解を避けられるようになる。

(2) 最大値を捉えられない場合がある！

図 5.6.14 は両端固定梁に，中央からオフセットした位置にせん断力を掛けた問題である。この場合も梁要素を使って荷重点の変位を求める限り，固定点と荷重点に節点を配置すればたった2分割で正解が得られる。この場合，最大

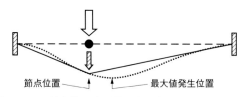

図 5.6.14　最大値発生位置を捉え損なっているケース

値としてプログラムが表示するのは節点変位の中での最大値である。一方この問題での真の最大値は荷重点よりも右側の位置で発生するが，そこに節点がないためにその値も位置も把握できないのである。ちなみに荷重位置が左端から全長の 1/3 の位置の場合，最大値は荷重点変位に比べて 10 ％程度大きい値となる。

　このような事態を避けるためには，分割を 1 段階細かくしてみるという方法がある。最大値が数％も動くようであれば，最初のメッシュは最大値を捉え損なっていると言える。最近の設計者向け CAE ツールの中には，自動的に最大値付近を狙ってメッシュを細分化してくれる機能は，このような時に役立つ。

　変位・応力を問わず，最大値を把握し損なう最大の原因は，上記の節点位置の問題であるが，この他にもう 1 つ，ソリッドやシェルを使用すると，節点変位値自体に誤差が含まれることが挙げられる。この場合も分割を 1 段階細かくしてみて，最大値が大きく変わるようであれば，それは最初のメッシュが適切でないことを意味していることになる。図 5.6.7 の解析結果はその例であって，このメッシュでは最大応力発生点が捉えられていない。このことについては次項で詳細に取り上げる。

**(3) 応力値の真値を求めたい時にどうすればよいか**

　トラブルシューティングや設計計算図などを作成する場合には，応力値を精度よく求める必要が生じるものである。そこで図 5.6.1 の問題での求め方を紹介しよう。

　この問題の初期メッシュ（図 5.6.2）では主にメッシュが粗いためと最大応力発生点に頂点節点が配置されていないことも影響して，図 5.6.7（b）の節点平均応力の最大値 2.45 MPa は，真の値の 3.36 MPa からは程遠い値を示している。

　FEM がこのような誤差を生む原因は次の 2 点である。
　①変位関数が要素内の挙動を十分に表現できない
　②分割による離散化誤差が発生する

## 5.6 結果の表示と評価

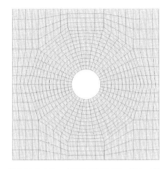

図 5.6.15 細分割の例（$N=8$）

表 5.6.5 各メッシュ分割での最大主応力の計算結果

| 分割数 $N$ | 最大主応力 $\sigma_{max}$（MPa） |
|---|---|
| 1 | 2.52679 |
| 2 | 3.14035 |
| 4 | 3.27266 |
| 8 | 3.33236 |
| 16 | 3.35384 |
| 32 | 3.36049 |
| 64 | 3.36238 |

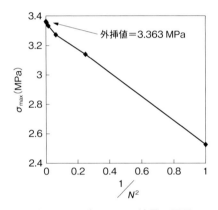

図 5.6.16 表 5.6.5 の結果の図示

　これらを両方同時に解決する方法は、メッシュを規則正しく細分化していきながら計算して収束状態を確認することである。

　まず図 5.6.2 のメッシュを出発点として順次縦横各 2 等分割、4 等分割、8 等分割…64 等分割としていく。8 等分割のメッシュを図 5.6.15 に示す。各分割において最大主応力を計算した結果を表 5.6.5 に示す。また分割数を $N$ として、最大主応力を $1/N^2$ に対してプロットしたものを図 5.6.16 に示す。多くの場合、$1/N^2$ に対してプロットすると、$1/N^2 \to 0$（要は $N \to \infty$）に外挿しやすくなる。この場合の外挿値は 3.363 MPa となって、有効数字 4 桁まで正しい値である。

第 5 章　応力解析のための CAE 理論

　最近の CAE プログラムは，変位や応力の大きいところを集中的に細分割してくれる機能をを利用しても②の原因を解消できないので，正解に漸近する保証はない。

### (4) リブの付け根の評価

　プラスチック成形品などのリブの付け根は CAD データ上，$R=0$ であることが多い（図 5.6.17）。$R=0$ の場所は特異点なのでメッシュを細かくすればするほど，応力は際限なく上昇を続ける。このような特異点の評価に局所応力を用いることには意味がなく，ぜひとも本書に記載した公称応力を基準として考える方がよい。

　この公称応力を得るには，図 3.6.5 で見た凸の字形の問題と同じ要領で行えばよく，次の手順で行えば得られる。

① 　まずリブの付け根を基準として，厚さおよび高さ方向1分割としてメッシュを切る。

　リブは長手方向を除き，細かく分割するのではなく，できるだけ粗く分割するのがよい。

② 　使用要素は，リブの付け根を含む領域は六面体2次要素あるいは四角形2次シェル要素を使用するのがよい。それが困難であれば，四面体2次や三角形2次シェルの要素でも止むを得ない。

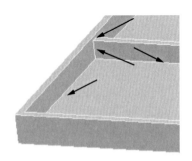

図 5.6.17　リブの付け根と特異点
（矢印で示したエッジはすべて特異点）

③ 応力は要素応力の主応力を表示する．この時，節点平均応力を見てはならない．

以上の要領は，第一種の応力集中源に起因する特異点の周囲の公称応力の解析にも適用できる．

特異点の強度評価には細かいメッシュは必要がなく，逆に細かいメッシュはかえって役に立たないことを意識しておくとよい．また応力集中係数 $\alpha$ が3を超えるような高い応力集中の強度評価についても同様である．

なお，高張力鋼を使用した機器や大型部材を使用した機器では，上記の検討だけでは不十分であり，並行して破壊力学的検討を行わなければならないことを確認しておきたい．

**参考文献**
1)「壊れない機器を設計する簡単メソッド―実践材料力学　初級編」,「機械設計」, 2012年3月号, pp.17～49, 日刊工業新聞社

# 索 引 (五十音順)

## 【あ 行】

アイソパラメトリック要素 … 171, 173, 177
圧縮強さ … 137, 138
圧入 … 80
アワーグラス・モード … 200
安全率 … 150
一軸応力 … 42
一発破壊 … 116, 130
一般の切欠き … 78
イニシエーション … 121
ウェーブフロント法 … 209
運動方程式 … 154
エアリー (Airy) の応力関数 … 71
影響因子 … 2, 3, 4, 5, 6, 7, 8, 104, 110, 151
円孔 … 76, 96, 97
円弧切欠き … 78
遠心力 … 61
延性材 … 116, 119, 138
延性破壊 … 116, 117
応力 … 14, 27
応力拡大係数 … 13
応力勾配 … 104
応力集中 … 76
応力集中係数 … 8, 76, 88, 95, 105
応力成分 … 221
応力の釣合い方程式 … 24, 39
応力の定義 … 27
応力の定義式 … 24
応力の符号 … 30
応力振幅 … 121, 125, 126
大型回転機 … 14
温度分布 … 185

## 【か 行】

回転 … 14
回転曲げ … 142
外部仕事 … 156
ガウスの数値積分 … 196
可逆 … 18
下降伏点 … 121
加速度項 … 154
固さ … 16
完全片振り … 126
完全両振り … 126
機械的性質 … 16
機械力学 … 12
幾何学的非線形 … 19
幾何学的非線形問題 … 215
基準応力 … 7
基準断面 … 91, 92, 95
基本設計 … 2
共役性 … 29, 37
境界非線形 … 19
境界非線形問題 … 215
強度限界値 … 84
強度検討 … 13
強度設計 … 13
強度評価 … 130
曲率 … 46
切欠き係数 … 105
クラック … 85, 97, 113, 122
グラフィック出力 … 217
繰返し応力 … 123
繰返し回数 … 121
繰返し荷重 … 123
限界値 … 16
原子力機器 … 14
高サイクル疲労 … 123, 127
公称応力 … 90
剛性検討 … 14
剛性設計 … 14

234

索 引

構成方程式 ･･････････････････････ 24
剛性方程式 ･････････････････････ 156
構造 CAE ･･･････････････････････ 13
構造解析 ･･･････････････････････ 13
構想設計 ･･････････････････････････ 2
剛体要素 ･･･････････････････････ 83
降伏応力 ････････････････････ 22, 120
降伏点設計 ･････････････････････ 128
固有振動解析 ･･･････････････････ 154
固有振動数 ･･････････････････････ 14
固有振動数解析 ･････････････････ 157
固有値解析 ･････････････････････ 211
固有ベクトル ･･･････････････････ 224
固有ベクトルの正規化 ･･･････････ 224
コレスキー分解 ･････････････････ 205
コンター図 ･････････････････････ 218

【さ 行】

最大応力 ･･･････････････････････ 121
材料試験 ･･･････････････････････ 22
材料非線形 ･････････････････････ 19
材料非線形問題 ･････････････････ 214
材料力学 ･･･････････････････････ 12
作用量 ･････････････････････････ 18
サン・ブナンの原理 ･･･････････ 20, 73
サン・ブナンのねじり ･･･････････ 48
三角分解 ･･･････････････････････ 204
三角形 1 次要素 ･････････････ 169, 175
三角形 2 次要素 ････････････････ 176
三軸応力 ･･･････････････････････ 42
シェル要素 ･････････････････････ 181
四角形 1 次要素 ･････････････････ 171
四角形 2 次要素 ････････････････ 176
軸のねじり ･･･････････････････ 48, 55
止端部 ･････････････････････････ 81
絞り ･･･････････････････････････ 16
射出成形 ･･･････････････････････ 138
集中荷重 ･･･････････････････････ 83
重調和関数 ･････････････････････ 71
自由表面 ･･･････････････････････ 33

重力 ･･･････････････････････････ 60
主応力 ･･････････････････ 64, 66, 68, 221
主断面 2 次モーメント ･･･････････ 48
衝撃吸収エネルギー ･･･････････ 13, 16
上降伏点 ･･･････････････････････ 121
詳細設計 ･･････････････････････････ 2
状態量 ････････････････････････ 14, 16
真応力 ･････････････････････････ 37
靱性 ･･･････････････････････････ 13
真破断応力 ･････････････････････ 119
真ひずみ ･･･････････････････････ 37
垂直応力 ･･･････････････････････ 28
スカイライン幅 ･････････････････ 208
スパース行列 ･･･････････････････ 206
スポット溶接 ･･･････････････････ 82
寸法効果 ･･････････ 102, 103, 104, 109, 143
静解析 ･････････････････････････ 154
正規分布 ･･････････････････ 132, 134, 140
脆性材 ････････････････････ 116, 119, 139
脆性破壊 ･･･････････････････ 106, 116, 120
積分点 ･････････････････････････ 192
設計の 3 段階 ････････････････････ 2
接触応力問題 ･･･････････････････ 81
接触問題 ･･････････････････････ 19, 215
接着不良部 ･････････････････････ 14
節点 ･･･････････････････････････ 154
線荷重 ･････････････････････････ 83
線形 ･･･････････････････････････ 18
線拘束 ･････････････････････････ 83
せん断応力 ･････････････････････ 28
せん断応力の符号 ･･･････････････ 31
せん断強さ ･･････････････････ 137, 139
せん断ひずみ ･･･････････････････ 36
せん断変形 ･････････････････････ 55
せん断力 ･･････････････････････ 54, 55
双曲線切欠き ･････････････････ 78, 99
相当応力 ･･････････････････ 64, 66, 67, 68, 221
速度項 ･････････････････････････ 154
塑性域 ･････････････････････ 118, 119
塑性変形 ･･･････････････････････ 118

235

索　引

## 【た　行】

第一種の応力集中 …………………… 76
対称性 ………………………………… 29
第二種の応力集中 ………………… 76, 82
耐力 ………………… 13, 16, 22, 23, 118
耐力点設計 ………………………… 128
楕円孔 …………………………… 78, 85
縦弾性係数 ………………… 14, 23, 117
縦ひずみ ……………………………… 36
たわみ ………………………………… 45
弾性域 …………………… 117, 118, 123
弾性係数 ……………………………… 22
弾性破壊 …………………………… 120
炭素鋼 ……………………………… 147
弾塑性問題 ………………………… 214
段付き軸 ……………………………… 80
断面 2 次モーメント ………………… 47
力 ……………………………………… 14
力の釣合い …………………………… 15
力の流線 ………………………… 69, 72
調質 …………………………………… 17
直接法 ……………………………… 201
締結部材 ……………………………… 82
低減積分 …………………………… 199
低サイクル疲労 …………………… 123
鉄鋼系 ……………………………… 145
点荷重 ………………………………… 83
点拘束 ………………………………… 83
伝播 ………………………………… 121
等価仕事の原理 …………………… 157
特異点 …………………………… 84, 227
トレスカの相当応力 ………………… 66

## 【な　行】

内部仕事 …………………………… 156
流れの関数 …………………………… 72
軟鋼 ………………………………… 120
二軸応力 ………………… 42, 43, 44
ねじり試験 …………………………… 26

ねじり強さ ………………………… 140
熱膨張 ………………………………… 57
伸び …………………………………… 16

## 【は　行】

破壊確率 ………………………… 133, 134
破壊形態 …………………………… 116
破壊現象 …………………………… 123
破壊力学 ……………… 104, 109, 113
バスキン …………………………… 144
破断繰返し回数 …………………… 123
破断寿命 …………………………… 121
発生応力 ………………………… 130, 149
発生量 ………………………………… 18
梁 ……………………………… 44, 53
梁のたわみの方程式 ………………… 46
梁の曲げ ……………………………… 44
梁要素 ……………………………… 173
半円孔 ……………………… 77, 96, 97
バンド幅 …………………………… 208
反復法 ………………………… 203, 210
反力 ………………………………… 161
非圧縮性粘性流体 …………………… 72
微小ひずみ …………………………… 18
微小変位 ……………………………… 18
微小変形理論 ……………………… 226
ひずみ …………………………… 14, 36
ひずみの定義 ………………………… 36
ひずみの定義式 ………………… 24, 41
非線形弾性問題 …………………… 214
非線形問題の解法 ………………… 213
引張圧縮 …………………………… 143
引張試験 …………………………… 22, 117
引張試験機 …………………………… 22
引張試験片 …………………………… 22
引張強さ ……………… 13, 16, 22, 23, 137
非鉄系 ……………………………… 145
標準偏差 …………………………… 132
疲労強度 ………………… 13, 126, 141
疲労限度 ……… 16, 108, 124, 141, 142, 143

236

# 索　引

疲労限度線図 ······················ 126, 127
疲労試験 ······························· 122
疲労破壊 ························ 121, 147
フォン・ミーゼスの相当応力 ······ 67
不可逆 ································· 18
フックの法則 ················ 18, 24, 39
物理的性質 ···················· 16, 17
不変境界 ····························· 18
不溶着部 ······························ 81
プラスチック ······················· 24
プロパゲーション ············· 121
平均応力 ············ 88, 121, 125, 126
平均値 ······························· 132
平面応力 ····························· 44
平面ひずみ ························· 44
変位 ···································· 14
変位関数 ···························· 154
変位法 ································ 166
変形図 ······························· 217
変動係数 ············ 132, 137, 147, 148, 149
ポアソン比 ·························· 36

## 【ま　行】

曲げ応力 ····························· 89
曲げ試験 ····························· 26
曲げ強さ ···················· 137, 138
曲げモーメント ·············· 53, 54
ミーゼス応力 ······················ 67
密着面端 ····························· 80
モーダル ···························· 154
モーダル解析 ············· 157, 223
モード形状 ························ 224
モーメント ·························· 14

## 【や　行】

焼ばめ ································ 80

焼ばめ面 ····························· 80
溶接継手 ····························· 81
溶接不溶着部 ······················ 14
要素 ·································· 154
要素応力 ····························· 93
要素境界 ······················· 92, 93
要素自由度 ······················· 167
横ひずみ ····························· 36

## 【ら　行】

ランチョス法 ···················· 211
リガメント寸法 ············ 97, 100
リブの付け根 ······················ 80
流線 ·································· 85
両振り ······························· 125
連立方程式の解法 ············· 201
六面体1次要素 ················· 180
六面体2次要素 ················· 180
ロッキング現象 ················· 199

## 【欧　数】

0.2%塑性ひずみ ················ 118
$10^7$ 回時間強度 ······················· 125
2次元ソリッド要素 ··········· 175
3次元ソリッド要素 ··········· 180
Bマトリクス ····················· 163
CG法 ································ 210
ICCG法 ···························· 210
JIS4号試験片 ····················· 22
Microsoft Excel ··················· 141
NIMS ·························· 141, 144
NORMSINV ······················ 141
$\alpha$の推定式 ·························· 101

237

【著者略歴】

遠田　治正（とおだ　はるまさ）

1974年東京大学工学部精密機械工学科卒業。
三菱電機株式会社入社，大型発電機の強度の研究に従事。
弾塑性有限要素法プログラムの開発，回転円板の破壊試験など，全社機械技術者を対象とした有限要素法による解析技術の普及推進を担当。
1984年末から1年間，フランスCNRS客員研究員，結晶の高温クリープ挙動の研究に従事。
帰国後，天体望遠鏡「すばる」の開発，3D-CAD・CAE利用による機械設計の効率化活動に従事。
1994年以来，三菱電機グループ内機械技術者教育に従事。
材料力学・3D-CAD・CAEの利用普及教育活動などを担当。
2010年三菱電機定年退職後，TMEC技術士事務所を設立。
機械技術コンサルタントとして，CAEに頼り過ぎない強度評価技術の普及および設計者CAE普及活動などを展開中。
技術士（機械部門），日本機械学会会員。
専門は材料力学，材料強度，破壊力学，有限要素法，設計工学，3D-CAD・CAE教育。

強度検討のミスをなくす
# CAEのための材料力学　　　　　NDC501

2015年3月30日　初版1刷発行
2024年8月2日　初版16刷発行

（定価はカバーに表示してあります）

　Ⓒ　著　者　　遠田　治正
　　　発行者　　井水　治博
　　　発行所　　日刊工業新聞社
　　　　　　　　〒103-8548　東京都中央区日本橋小網町14-1
　　　電　話　　書籍編集部　03（5644）7490
　　　　　　　　販売・管理部　03（5644）7403
　　　ＦＡＸ　　03（5644）7400
　　　振替口座　00190-2-186076
　　　ＵＲＬ　　https://pub.nikkan.co.jp/
　　　e-mail　　info_shuppan@nikkan.tech
　　　製　作　　（株）日刊工業出版プロダクション
　　　印刷・製本　美研プリンティング（株）（6）

落丁・乱丁本はお取り替えいたします。　　　2015 Printed in Japan
ISBN 978-4-526-07374-8

本書の無断複写は，著作権法上の例外を除き，禁じられています。